U0176665

海洋科学家手记

第一辑

青岛海洋科普联盟 | 编

丁剑玲　徐永成 | 主编

Notes of Marine Scientists

Vol. 1

中国海洋大学出版社

·青岛·

编创团队

序

海洋，是大自然赐予人类的蓝色瑰宝，也是人类赖以生存的共同家园。我国是人口最多的海洋大国，海洋权益、海洋利益对我国未来可持续发展极为重要。提升海洋安全能力、海洋治理能力、海洋开发利用能力以及分享全球海洋利益能力等已成为我国海洋科学技术领域的重大挑战。习近平总书记 2018 年视察青岛时强调，海洋经济发展前途无量。建设海洋强国，必须进一步关心海洋、认识海洋、经略海洋，加快海洋科技创新步伐。

经过 20 世纪八九十年代的“海洋大科学”研究，尤其是全球海洋观测系统、海洋科学钻探、热液海洋过程及其生态系统、海洋生物多样性、海岸带综合管理等领

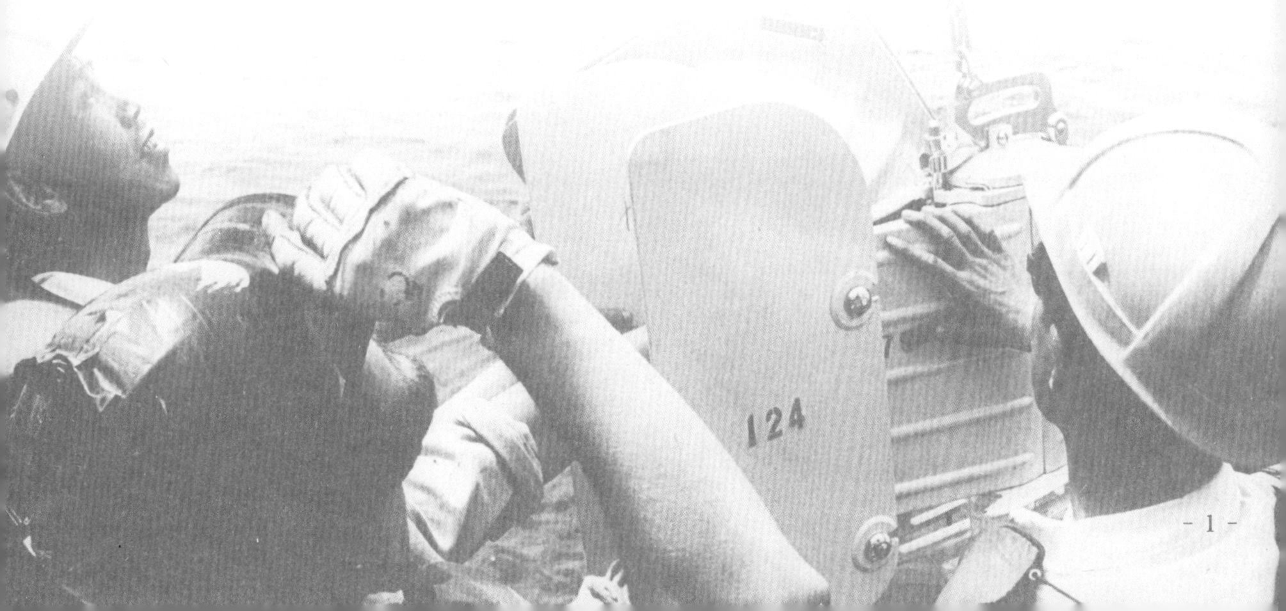

域的研究发展，海洋科学技术发展为一个庞大的学科群。依海而立的青岛是海洋科技名城。在这里，聚集着全国30%以上的海洋教学和研究机构、40%以上的海洋专家学者、50%以上的海洋教学研究力量、70%的涉海高级专家和院士。长期以来，他们敢为人先、矢志报国、勇攀高峰，用一个个科学发现、技术发明和原创成果，使我国海洋科技创新的天空中繁星闪烁。

《海洋科学家手记》（第一辑）由15位不同海洋科学领域的科学家执笔，他们中有致力于打造"蓝色药库"的管华诗院士，有打破西方国家海洋石油工程领域技术垄断的袁业立院士，有几经奋战、几易其稿拿下大洋矿产开发协议的金翔龙院士，有我国陆架环流研究的开拓者胡敦欣院士……本书以这些科学家的所见、所历、所感、所想为视角，以自述这一通俗、生动、活泼的形式，向读者介绍他们踏上科技创新之路的缘由，讲述他们在科学探索和技术攻关中遇到的故事和趣闻，分享他们对海洋科研的独特理解和深厚情怀。通过本书，读者不仅能了解海洋科学领域的新知识、新理念，接触海洋科技的新成果、新方向，更能感受到他们爱国、创新、求实、奉献、协同、育人的新时代科学家精神，领略他们胸怀祖国、乐于奉献、淡泊名利的高尚情操和优秀品质。

希望本书的出版，能够丰富青少年优质海洋科普图书供给，鼓励广大青少年更加关心海洋、亲近海洋、了解海洋，进而在他们心中埋下好奇、求知、探索、创新、创造的科学精神的种子；在科学家与公众中架设桥梁，引导青少年树立正确的海洋观，树牢海洋意识，提升海洋科学素养；鼓舞我国新时代青年科技工作者潜心致研、成长成才，围绕国家和地方发展重大战略需求，在更广领域、更深层次、更大范围内催生更多原创性、基础性、关键性成果。更希望以本书为载体，助力我国科学文化建设，促进科学与经济、科学与社会、科学与生活的深入交融，在全社会营造尊重科学、尊重人才、崇尚创新的浓厚氛围，为海洋强国建设凝聚磅礴之力，为我国社会经济高质量发展铸造强劲的科研、科普双翼！

中国工程院院士

中国海洋大学副校长

2020年10月

目　录

砥志研思，梦想起航

海洋渔业与生态学专家 唐启升

科学家简介

唐启升院士

唐启升，中国工程院院士，海洋渔业与生态学专家。现任农业农村部科学技术委员会副主任，青岛海洋科学与技术试点国家实验室学术委员会副主任，中国水产科学研究院名誉院长、学术委员会主任，黄海水产研究所名誉所长，山东省人民政府决策咨询特聘专家，等等。曾任中国科协副主席、山东省科协主席、全球环境基金会科学技术顾问团（GEF/STAP）核心成员、北太平洋海洋科学组织（PICES）渔业科学委员会主席等。享受国务院政府特殊津贴。

唐启升院士长期从事海洋生物资源开发与可持续利用以及发展战略研究，开拓了中国海洋生态系统动力学和大海洋生态系统研究，在海洋生态系统、渔业生物、资源增殖与管理、远洋渔业、养殖生态等方面取得多项创新性成果，为中国渔业科学与海洋科学多学科交叉和生态系统水平海洋管理的基础研究进入世界先进行列做出了突出贡献。曾被评为国家中青年突出贡献专家、优秀回国留学人员、国家重点基础研究发展计划（国家“973”计划）先进个人、新中国成立60周年“三农”模范人物，并荣获何梁何利基金科学与技术进步奖、全国杰出专业技术人才奖、山东省科学技术最高奖、“庆祝中华人民共和国成立70周年”纪念章等。

结缘海洋科学研究

《观沧海》是我非常喜欢的一首诗，尤其里面那句“日月之行，若出其中；星汉灿烂，若出其里”，曹操是用饱蘸浪漫主义激情的大笔，勾勒出的大海吞吐日月、包蕴万千的壮丽景象。读的时间长了，我便对大海有了一种难以言状的情怀。同时，作为从小在海滨城市长大的孩子，我对浩瀚无边的海洋也不禁生出许多亲近之意。而真正与海洋结缘，却是从研究一条鱼开始的……

黄海鲱鱼广泛分布于北半球，是北太平洋和北大西洋有名的渔业捕捞对象，但其种群数量波动较大，而且在一些地区呈现明显的周期性。20 世纪 60 年代末，在黄海鲱鱼本应数量剧减的时期，这种鱼却在黄海渔获物中大量出现。这种反常的现象，不仅生产者，连研究者也不清楚是怎么回事。这个现象的出现引起我极大的兴趣，我从研究鲱鱼的年龄入手，一头扎进了黄海鲱鱼的研究之中，由此开始了长达 12 年系统的渔业生物学研究。

在那个特殊的年代，每到晚上，我就

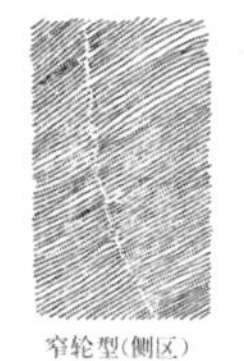
窄轮型(侧区)

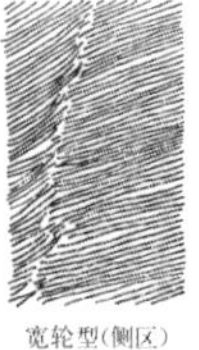
宽轮型(侧区)

宽轮型(前区)

宽轮型(双轮)

鲱鱼鳞片纹路图

将鲱鱼鳞片通过幻光灯反照到墙上，用铅笔仔细描绘鳞片的纹路。作为一个饱受晕船之苦的人，每年早春我都会在山东威海进行为期 40 多天的鲱鱼生物学资料收集和调访工作。我走遍了威海附近的每一个鲱鱼产卵场，这一坚持就是 10 余年。我先后主持了 28 个航次的黄海中央部、40 米以下深水域鲱鱼分布的探捕调查，特别是对 1970 年强盛的鲱鱼世代的数量分布进行了连续几年的跟踪调查。

基于这些宝贵的现场调查、资料收集和调访，我们对鲱鱼有了深入、系统的认识。那个年代关于黄海鲱鱼研究的文献材料，一半以上都是由我主笔撰写的。1980 年，联合国粮农组织著名的资源评估和渔业管理专家 A·约翰·古兰德博士来华讲学时，所引用的中国资料就来自我的文章。

这不起眼的黄海鲱鱼，帮我敲开了海洋科研的大门，大门内的瑰丽景象更使我醉心其中，一发不可收拾。

而随着研究的深入，我却深切地感受到研究之路越走越窄，倍感困惑。恰在此时，我幸运地考取了改革开放后国家第一批公派出国进修人员。1981 ～ 1984 年，我作为访问学者先后拜访了挪威海洋研究所，丹麦国家海洋渔业研究所，美国马里兰大学、华盛顿大学等海洋研究机构。在与国际著名海洋生态学家交流后，才知道我在渔业种群动态研究中遇到的困惑，也是那个时期欧美渔业科学家的困惑，与他们经历了 100 余年的种群动态、资源评估和渔业管理研讨之后所遇到的困惑如出一辙。有意无意当中，我一脚踏进了世界海洋科学的探索前沿当中。

1982 年 9 月，在美国马里兰大学进修期间，我将环境影响因素嵌入渔业种群动态理论模型中开展研究，研究成果促使我更加关注环境因素对渔业及其科学的影响。1983 年 7 月，我转入华盛顿大学数量科学研究中心和渔业学院进修，在那里我细心总结自己的学习研究成果，意识到海洋生态系统研究将是渔业科学的一个新的研究领域和重要的发展方向，并由此开启了我“大海洋之梦”的倡导之路。

院士专家团与哈尼族县长等现场检查冬闲田养殖收获（右五为唐启升）

在挪威进修学习期间，我获得了挪威开发合作署的全额资助。但开始阶段的进修学习并不顺利，挪威专家希望我“全面学习”，其中也包括对我曾在国内讲过的课的内容的学习，而我则希望“重点学习”。在不得已的情况下，我只好制订两套学习计划：一套是与挪威专家共同制订的提纲式学习挪威渔业研究的计划，另一套则是学习我重点关注的学习内容的计划。在有限的时间里，我付出了双倍的努力，重点学习当时欧洲专家正在探讨的多种类渔业资源评估与模型以及渔业管理的新方法、新技术。

这期间我始终不忘关注国内动态。当时改革开放的春风已吹遍了祖国大地，国内各领域相继展开如火如荼的科学研究工作。于是我便迫不及待想早日学成归国，希望将自己一身所学回报给祖国。这也成了我学习、工作的新动力。在这里我和大家分享一下在挪威学习的几段小插曲。

唐启升出国留学期间留影

唐启升出国留学期间留影

处处细留心
——做资源调查中的“数学家”

人们常说，苦心人，天不负。而对于科学研究而言，“有心”往往比“苦心”更重要，因为搞科研不仅需要勤奋刻苦的钻研，更需要做有心人，能够在研究过程中发现别人忽视甚至是习以为常的关键点。

1982 年 2 月，我跟随挪威海洋研究所参与巴伦支海蓝牙鳕资源调查。在极为恶劣的天气环境条件下，科研人员依然采用人工和计算器进行数据计算，数据处理的工作量较大、出错率较高、速度较低，这些都大大增加了调查任务的时间成本。工作之余，我一边学习渔业声学资源现场评估方法，一边尝试自己进行计算机编程。经过无数次的尝试后，我设计的计算机计算程序终于实现了对蓝牙鳕数量和分布的快速计算。调查结束后，航次首席科学家通过挪威电台直接播报了这些结果，我也从大家眼里的“中国学生”变成了“中国数学家”。

疑是思之始
——做科研路上的“探索者”

马克思的座右铭是“怀疑一切”。这个伴随了他一生的座右铭成就了一位伟大的思想家。同样地，质疑精神也是科学精神的重要组成部分。刚到挪威海洋研究所，我拜访著名的渔业声学技术与评估专家欧德·拿根先生时，他对我这个中国学生并不怎么搭理。我心里明白，他的态度来源于当时中国的落后和我个人学术水平的不足。强烈的民族自尊心和骨子里不服输的劲头成为我学习的动力，也正是那个时期，我的学术水平突飞猛进，进步很大。

一个偶然的机会，我注意到拿根的一个参数假设不合理。经过多次验证后，我向拿根提出了这个疑问。起初，拿根对我的质疑是不屑的，但是经过反复的讨论和我的坚持，面对事实，拿根终于认可了我的质疑，他对我这个“中国学生”的态度也有了 180°的转变。有一天我们一起下楼出大门，到了门口竟相互谦让起来。我说：“您是先生，您先请！”而拿根则谦和地表示：“不，您是客人，您先请！”两人会意地一笑，一起走出了大门。

在科研道路上，没有人不犯错，要勇于质疑权威，那是你科研思想形成的开始。还有一点我想说的是，追求梦想是每个人的权利，但是在追梦的过程中，永远不要忘记自己的祖国。

积跬步而至千里

经过在挪威海洋研究所近一年的学习，我的努力、认真和坚持逐渐赢得了外国专家的尊重。1982 年 8 月，我在转赴美国的途中，先后访问了丹麦渔业和海洋研究所（现为丹麦国家水生资源研究所）、德国联邦渔业研究中心、荷兰渔业调查研究所（现为荷兰瓦格宁根海洋资源与生态系统研究所）等。让我难忘的是，原本只能维持三天的差旅费，而我却省吃俭用，坚持了十天。这十天旅程的辛苦不言而喻，但我的收获却是巨大的。

在著名的丹麦渔业和海洋研究所，我特意拜访了当时欧洲著名的多种类数量评估与管理研究学术带头人于尔森和安德森教授。五天的时间里，两位教授热情而详细地向我介绍了他们的研究内容。第五天下午，于尔森教授再次滔滔不绝、激情洋溢地讲了两小时他的最新研究成果后，满怀期待地问我：“你觉得我的研究怎么样？”我只好实话实说：“听不懂！”于尔森教授不由一愣，随即释然道：“噢……你是对的，我要简化，半年后我会寄一篇新的论文给你。”然后，我们微笑着握手道别。我俩的对话虽然简短，却耐人寻味，也许这就是科学家之间直白而又“心有灵犀一点通”的对话。之所以听不懂，除语言的因素外，其实主要是我对“几百个参数送进模型，产出的结果是什么”产生了疑问。

这次拜访对我的学术思想发展有着重要意义。当时虽然还在朦胧之中，但是我好像已经意识到在渔业科学领域有新的方向和内容等待我去研究、去探索，这应该是我走向海洋生态系统研究的激发点。

唐启升（右二）进行学术交流期间与外国友人合影

9月初，我到达美国马里兰大学切萨皮克湾生物研究所（CBL），加入了著名渔业科学与海洋生态学家罗特席尔德教授的研究团队，进行切萨皮克湾蓝蟹种群数量与环境之间的关系研究。在查阅研究文献时，我却发现“CBL四教授”之一的乌拉诺维茨在一篇论文中已得出结论，即“切萨皮克湾蓝蟹数量与环境因子相关关系不明显”。我便向乌拉诺维茨教授请教其原因。他说：“我是学工程的，我不是生物学家。”这番打趣的话却给了我鼓励。我从生物学的角度，以繁殖生命周期为时间单元划分了蓝蟹的出生世代及其数量，重新梳理资料，很快找到了蓝蟹世代数量与环境因子的密切关系。随后，我以20世纪50年代渔业科学领域形成的三个著名的种群评估与管理理论模式之一的“亲体与补充量关系模式”为重点，开始了“冥思苦想”的探索研究。

细节在于观察，成功在于积累。一天凌晨两点钟，我突然从床上跳起来跑到地下室计算机房，将“按住变化较小的参数b，研究变化较大的参数a”的数学解决办法输入计算机，演示结果令人满意和兴奋。实际上，这件事我想了不是一天两天，而是研究了多年。就这样，我成功地将环境影响因素添加到亲体与补充量关系研究中，发展了Ricker型亲体与补充量关系理论模式，使其从稳态模型升华为动态模型。研究成果发表后，引起了国际同行的广泛关注，他们把我的研究成果评价为“代表了渔业科学一个重要领域中新的、有用的贡献”。这是国际上首次将环境影响因素嵌入渔业种群动态理论模型中。这项研究使我更加关注环境因素对渔业及其科学的影响，也使我向海洋

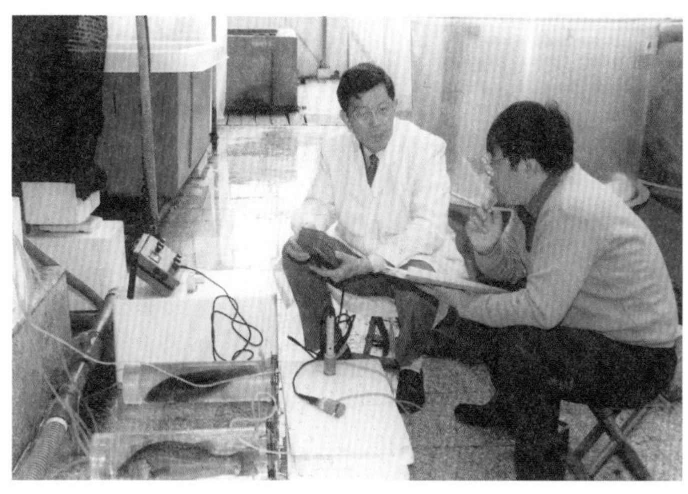

唐启升（左一）在实验室进行科研工作

唐启升在华盛顿大学图书馆

生态系统研究又走近了一大步。

1983 年 7 月，我由美国马里兰大学转入华盛顿大学数量科学研究中心（CQS）和渔业学院进修。“华大”丰富的文献资料和良好的学术环境使我能够更加全面地了解渔业与海洋科学，能够静下心来总结自己的学习研究成果。在“华大”，我注意到《海洋渔业生态系统——定量评价与管理》一书，它使我最终意识到海洋生态系统研究将是渔业科学一个新的研究领域和重要的发展方向。因此，在 1984 年回国后，我便立项开展黄海渔业生态系统的研究，并在 1985～1986 年实施了海上调查，从此开启了我的“大海洋之梦”。

荀子曰：“不积跬步，无以至千里；不积小流，无以成江海。”正是因为在海外进修这几年一步一个脚印踏踏实实的研究，才有了回国后取得的丰硕的研究成果。研究不是一蹴而就的，它是一个积累的过程，没有捷径可循。

“偶然”的背后是坚持不懈的付出和努力

海洋生物及海洋生物工程制品专家 管华诗

科学家简介

管华诗，中国工程院院士，海洋药物与生物工程制品专家。1964年毕业于山东海洋学院（现中国海洋大学）水产品加工专业。曾任中国海洋大学校长；现任中国海洋大学校务委员会名誉主席、学术委员会主任，教授、博士生导师，国家海洋药物工程技术研究中心主任，青岛海洋生物医药研究院院长；兼任国务院食品安全委员会专家委员会委员，青岛海洋科学与技术试点国家实验室学术委员会主任。

《中华海洋本草》首发仪式合影（左四为管华诗）

管华诗院士长期从事海洋药物及海洋生物资源综合开发利用的教学与科研工作，是我国海洋药物学科的开拓者和奠基人之一。首创我国第一个现代海洋药物藻酸双酯钠（PSS），后又相继研制了甘糖酯、海力特和降糖宁等三种海洋新药和系列生物功能制品，且均实现产业化。系统建立了海洋特征寡糖规模化制备技术体系，并构建了国内外第一个海洋糖库。以糖库为基础，在研的四种一类候选海洋新药处于不同的临床研究阶段。其中，由中国海洋大学、中国科学院上海药物研究所、上海绿谷制药有限公司联合研发的治疗阿尔茨海默病新药甘露特钠（GV-971）于2019年获批国内有条件上市，填补了过去17年该疾病领域无新药上市的空白。主持编著了我国首部大型海洋药物典籍——《中华海洋本草》，为我国海洋中药的研发奠定了坚实的资料基础。荣获国家技术发明一等奖、全国科技大会奖、国家科技进步三等奖、山东省科技进步一等奖、山东省最高科学技术奖、教育部技术发明一等奖、何梁何利基金科学与技术进步奖等国家和省部级科技奖励10余项。

结缘海洋科学研究

青年时期的管华诗

在一个科学工作者的成长之路上，有两样不可或缺的品质：一是探索宇宙奥秘的无畏精神，二是济世安民的广博情怀。这两者在我跌宕而又经历丰富的年少时期得以成形，为我搭建了通往神圣科学事业的桥梁，我也穷尽了一生去践行这个开始了就无法停歇的宏大事业。

我生长在山东西北与河北接壤的德州市夏津县，古黄河曾从这里奔流而过，现如今这里西面有卫运河经过，东有马颊河两条干流穿行。这里既是我儿时家庭重要的经济来源和我的玩乐场所，也是我对探索水生生命好奇心的启蒙地。

我出生时正逢国难，抗日战争的烽火逐渐蔓延到全国。在一次日伪军的扫荡行动中，未满五岁的我还险些被落下，幸得族中老人相救才死里逃生。祸不单行，从1940年到1943年，家乡天灾肆虐，民生维艰，家中靠着运河的供养顽强地与命运抗争。

幼时的我常跟随父亲乘船打鱼。父亲在船头撒网，我则东张西望，对依水而生的小生命充满了好奇和求知欲。一次我突发奇想养了一条鲇鱼，但不久后它就死掉了。父亲告诉我，不管是鱼还是虾，都各有各的活法，要是强行改变鲇鱼的生存条件，它自然活不成。这是我第一次朦胧地接触与自然规律和生物习性有关的说法，此后我更加仔细地观察不同水生动物的生活方式，用十几个破旧的瓷盆瓦罐养上了鱼虾蟹鳖，几年下来积攒的鱼鳔、蟹盖等在房檐下挂了一长串。

管华诗院士

回望童年生活，或许正是这种机灵古怪的好奇心，以及对江河湖海的敬畏和崇拜，成就了我后来从事海洋药物开发研究的事业。

1959 年，我高中毕业，被山东海洋学院（现中国海洋大学）的水产品加工专业录取，在那艰苦和朝气并存的年代开始了我的海洋科学梦想。我的大学生活几乎和三年困难时期同步进行着，物质的极度匮乏，加上繁重的学业，几乎压垮了我的身体。大一暑假，我和几个农村同学到学校旁边的海水养殖场晒海带以赚取生活费。一天，在高强度的劳动下我突然病倒，高烧加上肺结核让我在学校保健科的病床上足足躺了两个月。这段艰辛的岁月不仅磨炼了我面对困难的意志，更坚定了我掌握科学知识为民生谋福祉的决心。“士不可以不弘毅，任重而道远”，仰之弥高，在科研路上才有钻之弥坚的不竭动力。

医学“门外汉”的海洋药物研制之路

我在大学期间学习的是水产专业，却机缘巧合地敲开了国内海洋药物研制的大门，并毕生浸淫其间，为减轻更多病患的痛苦而孜孜不倦。

回望那个风云涌动、人心激荡的年代，平地而起的科研事业极度缺乏人才。国家为了弥补紧急的科研缺口，不免要召集不同领域的人手，边实践边学习，而部分人在积累学识和经验之后就成为“意外的专家”。对于海洋药物领域，我也是从“门外汉”开始的。

1964 年，我毕业后留校任教，正值国家遭遇“碘危机”。由于国际形势的变化，我国生产生活用碘极度匮乏，自主产碘成为广大科技工作者的重任。国家组建海带提碘研究小组，我带领学生到海洋化工厂全程参与这项产业化研究。提碘过程中产生的甘露醇和褐藻胶的再利用成为新的问题，这也成为我主持的首个国家课题。

当时山东海洋学院（现中国海洋大学）水产系刚与烟台水产学校合并，科研条件较差，我与课题组成员将学校里一个不常用的男厕改造成实验室，在教学之余潜心研究，最终在 1974 年拿出了利用甘露醇和褐藻胶制成的一系列产品：石油破乳剂、农业乳化剂、食用乳化增稠剂。而这也成为我进入海洋药物研究的重要起点。

1979 年的一天，我在做制剂工艺实验时，为了降低硫酸钡制剂的黏稠度，试着添加了一点从海藻中提取的分散剂（一种多糖类溶质），结果黏结现象奇迹般地消失了。这时，一个大胆的联想不可抑制地出现在我脑海：这种物质是否能够解决心脑血管疾病中血液黏稠的问题？带着这

1978 年，管华诗（左二）与科研小组成员在一起

伏案工作中的管华诗

个近乎疯狂的设想，我开始着手申请研究课题，一边恶补医药学相关知识，查阅所能搜集到的所有相关资料，一边向国内外十余位医学专家和权威请教。

经过精心的筹备，1980 年 4 月，我国第一个海洋药物研究室在烟台水产学校的一间由厕所改建而成的实验室里诞生。我带着 2000 元的科研经费，组建了一支由学校各专业教师和制药厂及医院专家组成的科研团队，开始了在分散剂启示下的新药研究。简单来说，这项研究就是以褐藻胶为原料，在分散剂的基础上，对其进行分子结构改造等多项药学研究，并在这个基础上进行毒理和药效学实验，以期达到毒性最低、药效最大的目标。

寒来暑往，经过整个团队的通力合作，1985 年 8 月，我们所研制的藻酸双酯钠（PSS）通过了山东省科学技术委员会组织的专家鉴定，并进入医院的临床研究。

经过检验，PSS 具有强分散性能且不受外界因子影响，具有抗血栓、降血黏度、改善微循环、静脉解痉、红细胞及血小板解聚等作用。到了 1990 年，PSS 质量标准转为地方正式标准后，PSS 进入工厂生产，也去往更多病患的病榻之上。

这份成果赢得了很多赞誉，这对于药品的扩散和应用固然是好的，但于我个人而言，盛名背后真正为病患带去的福音才是我所身披的荣光。这份小小的试剂，不仅叩开了我国海洋药物研究的大门，吸引更多青年才俊向海洋求医问药，也是我人生的一个转折，让我继续为国人的健康事业倾注不竭的热血。

步履未歇——“蓝色药库”建设

在我和团队研制出第一个海洋药品之后的几十年间，我从未停下科研的脚步。除了研制出甘糖酯、海力特和降糖宁等三种海洋新药和系列生物功能制品，我还组建研究室、当选中国工程院院士、担任中国海洋大学校长，多了几重不一样的身份，但都激励我在海洋制药领域尽力发挥我的光和热。

回望这些年的历程，值得一提的就是“构建海洋生物糖库”的构想，它凝结了我对海洋药品研制成体系、高效化的宏远愿景。

这个课题始于 1989 年，由于当时海洋药物研究的小有所成，我和团队逐步揭开了海洋多糖这一领域的神秘面纱。我们发现了海洋多糖的化学本质、结构和活性规律，对其分子进行修饰，形成了不同分子结构、不同生物活性的分子群。就像前面提到的褐藻胶，其中的多糖经过不同的修饰后，成为具有抗病毒、抗炎、抗凝、

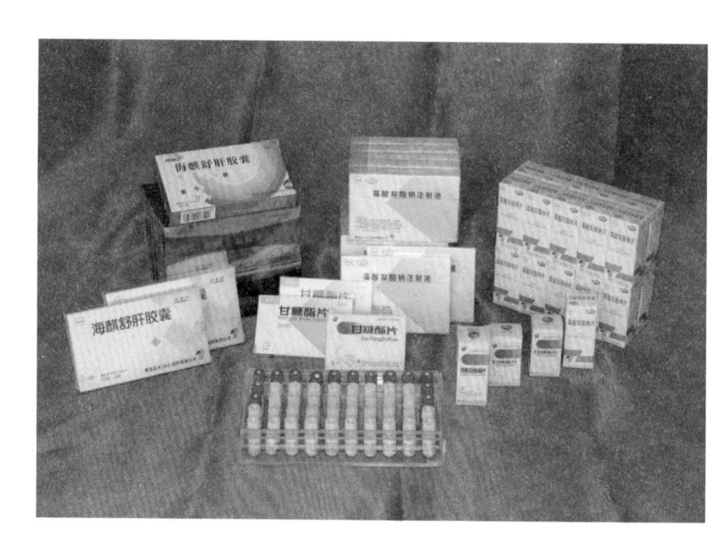

管华诗团队研制的一系列海洋新药

管华诗在海上指导学生实习

降脂、抗氧化等多种生物活性的结构各异的寡糖。基于此，我们产生了构建海洋生物糖库的想法。

诚然，这是一个极其庞大的工程，需要反反复复的实验分析和不计其数的资金投入，但同时我们也明白，这将会是一个福泽后世的事业，不仅在药品研制，而且在食品、军工和农业等不同领域里都会有广阔的应用前景。

经过充分的筹备，这个课题在 2000 年被列入国家重大基础研究前期研究专项“海洋生物多糖的化学与生物学研究——生物细胞膜‘天线分子’的模拟”研究计划。

经过几年的深入研究，2005 年 9 月，

管华诗（左二）指导研究生做实验

我们团队终于成功构建了我国第一个海洋生物糖库。糖库中有 21 个结构系列、300 多个（到 2013 年年底已有 500 个）海洋寡糖的化合物以及它们的基本信息、结构信息和生物学功能信息，其中有 100 多种具备开发成药物的潜质。

不谦虚地说，糖库的构建意义非凡。在医药学方面，它将为现代海洋糖类药物的筛选和发现、现代海洋中药研制以及生命科学相关基础研究提供物质基础和信息资料，可为肿瘤、病毒感染、心脑血管疾病、神经退行性疾病等方面生物学的系统研究提供物质支持，为海洋糖工程创新药物的开发奠定药学基础。糖库还可以为多个产业提供基础原料。选择合适的海洋寡糖加以修饰，作为食品的功能因子，可以满足人们的保健需求；用到化妆品上，则可以实现保湿、防辐射等功效；用在海水养殖里，可以提高养殖生物的抗性，实现天然环保……

2010 年，我们团队完成的 “海洋特征寡糖的制备技术（糖库构建）与应用开发” 项目有幸获得了 2009 年度国家技术发明一等奖，也算是对我们 20 多年来始终不渝的付出的肯定。但这一项目远没有结束，更进一步的产业化开发、生产性研究、国际合作、行业延伸和药物研发等，还需要持续不懈的努力。

尽管我年已迟暮，但科学的生命力永无止境，这场蓝色的医药革命，将随着更多新生力量的注入而持续勃兴。

管华诗院士（右五）与他的部分“糖学生”合影

图大事大业，立海洋荣光

物理海洋学家和海洋工程环境专家 袁业立

科学家简介

袁业立，中国工程院院士，著名物理海洋学家和海洋工程环境专家，自然资源部第一海洋研究所名誉所长、研究员、博士生导师。曾任中国科学院海洋研究所副所长，自然资源部第一海洋研究所所长，中国海洋与湖沼学会常务理事，中国海洋遥感学会理事长，国际海洋科学研究委员会（SCOR）海浪和风浪流联合模式两个工作组成员，英国近海海洋研究中心名誉教授。担任国家高技术研究发展计划（国家“863”计划）项目海洋监测技术主题首任组长，国家重点基础研究发展计划（国家“973”计划）“中国近海环流形成变异机理、数值预测方法及对环境影响的研究”项目首席科学家，国家专项“西北太平洋环流调查”项目首席科学家。曾被选为中国共产党第十五次全国代表大会代表，获得“全国五一劳动奖章”，被评为国家海洋局先进工作者等。

袁业立院士从事海洋科学基础理论研究和海洋环境工程技术研究工作50多年，在海洋波动和海洋环流理论、海洋数值模拟技术和海洋遥感应用等诸多方面成就卓著。在海洋动力系统、海浪生成发展机制、非线性和破碎海浪统计和海浪高频谱形式、黄海冷水团环流的生成发展机制、黑潮多核结构及其形成机制和黑潮两翼运动不稳定性等方面均取得了多项开创性的成果，发展了我国自主第三代海浪数值模式、海洋内波数值模式、海洋环流数值模式和海洋生态动力学数值模式，提出海洋遥感动力解译，开发合成孔径雷达（SAR）海洋影像的表示和SAR海洋探测技术，在国内外物理海洋学界具有重要影响。

结缘海洋科学研究

我出生在抗日战争爆发的第一个年头里，那时候全国人民都生活在水深火热当中。因我童年时就经历了冰与火的洗礼，当走进校园拿起书本开始读书的时候，我就立下了“国家兴亡，匹夫有责”的志向。虽然伟大的中华民族经过艰苦的斗争终于赶走了日本侵略者，但是祖国大地也已是满目疮痍，百废待兴。因此我学习特别努力，就是希望以后能够用自己的学识为振兴祖国尽力。

功夫不负有心人。通过刻苦努力，我终于如愿考入了复旦大学。但是在选择专业的时候，受我的右眼视力所限，一些专业我报不了，于是我便选择了数学力学系的力学专业。这个专业看起来跟海洋似乎没什么关系，但是后来我却十分庆幸当初的选择；正是这个专业严谨扎实的学术基础，给了我以后的海洋科学研究非常大的助力。

1966 年我本科毕业，为了能学习更多的知识，我选择继续深造，考取了中国科学院海洋研究所物理海洋专业的研究生。选择这个专业可能是由于我比较喜欢与那些在别人看来枯燥无味的理论公式打交道吧，我的海洋研究正是从钻研这些海洋理论公式开始的。还别说，我本科学习的数理基础帮了大忙，面对异常繁复的理论公式，我总能利用以前学习的知识进行更加严谨的推理，这就使得我的海洋研究进步很大。

然而，在不断深入研究的过程中我却发现了自身研究的不足，甚至对祖国当时的研究现状产生了担忧。因为那时候我们国家的海洋研究公式和模式几乎都是采用国外的成果，自身创新极少。我深知，一味地采用别人的模式，是永远无法超越别人的。

于是在 1980 年 5 月，已过不惑之年的我毅然前往美国北卡罗来纳州立大学攻读海洋大气和地球科学系物理海洋专业的博士学位。博士期间的海外生活是枯燥的，但我是兴奋的，因为我每天都能接触到先进的科研设备和成果，我每天都在进步。一想到自己很快就可以学成回国建设祖国

青年时期的袁业立

的海洋事业，我就会更加努力地投入研究和学习当中。我始终相信，我们的祖国是一个海洋大国，祖国的海洋科学一定会走在世界的前列，祖国的科学发展也一定会走在世界科学的前沿。

1982 年 1 月，我顺利毕业，获得了博士学位。在选择留在国外还是回国这件事上我从来没有过任何犹豫，因为我知道虽然博士头衔是在国外获得的，但是理论基础却是在国内打下的，我是在生我养我的这块土地上生的根，发的芽，开的花，结的果。作为一个中国人，我要和自己的同胞过一样的生活，有盐同咸，无盐同淡，不能哪里舒服就往哪里跑，人毕竟不是候鸟。正是这些，支撑了我一辈子做海洋科学研究的信念。

海洋研究是漫长而艰难的，在我看来就像唐僧师徒经历九九八十一难一样，唯有用心付出才会有回报；这条路上没有捷径，依靠的只能是你百折不挠的信念和勇气。在这里，我与大家分享几个趣事和经历。

不经历风雨怎能见彩虹

对于我们这些科研工作者来说，废寝忘食已是家常便饭，经常一研究起来就没日没夜，工作了一天才想起来还没有吃顿饭，可是那个时候早已饿过劲了，就又埋头研究起来。我曾经因为一项海上调查任务，连续五个春节没有回家过年，大年三十那天我还坐在船上面对大海做调查研究。当时只能苦笑着自我排解：与波涛涌浪一起辞旧迎新也是不错的，海浪声就当是过年放鞭炮的声音了。

有一次，为了赶一项任务，生产部门急着等结果，需要我们加班加点把结果赶出来。这可忙坏了我们，我跟我的同事们连续十几天不分昼夜地连轴转，每天只能睡短短的三四个小时。我们经过连续奋战，终于完成了最后一个数字计算任务。

袁业立在海上进行调查研究

虽然大功告成，可是我根本来不及休息，必须马不停蹄地赶往火车站，去北京参加国际学术会议。不得已，我只能派助手将我们的研究成果送往生产单位，自己连衣服也没有来得及换，就奔赴火车站，但还是晚了，只能又买了下一个车次的火车。

几经周折后，等我终于到达北京，却发现早已错过了大会秘书处的接送时间，我只好自己打车前往宾馆。我那时候不仅没来得及换衣服，也没有来得及洗漱，再加上整个人的精神状态还没有恢复过来，看起来根本不像是一个学者，因而前台的服务员怎么也不相信我这个装束寒酸、胡子拉碴的人就是来参加会议的学者，任凭我百般解释也没有用。

他们用异常警惕的眼神注视着我，最后还请宾馆的安保人员对我进行好一顿审讯式的询问，估计是把我当成了会议的扰乱者，这真让我有点哭笑不得。好在正好有个大会秘书处的人认识我，出面给我做了证明，这场尴尬才算结束。

还有一次，我随汽车运送设备到码头装船，在从汽车上往下卸设备时，我用力过猛，身子扭了一下，只觉得右肋一阵剧烈疼痛。当时忙着装船，咬牙忍了一下，就又跟着忙了起来。事后右肋经常隐隐作痛，我也没在意，还以为是不小心扭了一下，过段时间就好了。

时隔很久，有一次我在做体检时，医生问我："你右肋骨断过一根？"

"没有啊。"我被问得有点莫名其妙。

"不对，肯定断过，不过现在已经长好了，只是断裂的痕迹还在，不信可以拍个片子看看。"

医生如此笃定的言语让我也怀疑起来，我仔细回想了一下过往的经历，这才猛然醒悟。原来那次剧烈疼痛是因为肋骨断了，只是当时自己没在意而已。还好肋骨自己长上了，要不然影响到以后的研究和工作，可就麻烦了。我对自己从来都是如此"马虎"，就像前两年长脂肪瘤，开始的时候不痛不痒，也没在意，可是后来

袁业立（左一）在海上开展研究工作

脂肪瘤导致新陈代谢障碍，不得不做手术切除。我觉得做手术也没啥大不了的，只不过是个小手术而已。手术前一天，同事们都在为我担心，一个劲地安慰我，叫我别紧张。其实我一点都不紧张，手术后的第二天我就坐在办公室里继续工作了，胳膊上还缠着绷带。同事们劝我要多休息，我只是笑着摆摆手。不是我不想休息，是我闲不住，几十年养成的习惯，没法改了。

但是，大家千万别学我，身体是革命的本钱，身体不舒服一定要及时到医院看看，千万别想着忍忍就过去了，小病忍出大病来就得不偿失了。我举这个例子其实是想说做研究就要全身心投入，不要轻易被外界干扰。当然过程中有时肯定会很痛苦，一定要找到途径进行排解，要快乐地做研究，这点很重要。

人不可有傲气，但不可无傲骨

20 世纪 80 年代初，中国海洋石油南海东部公司在进行海洋石油工程环境数值模拟任务招标时，美国先派一个专家组到中国考察。两个月后，戴着有色眼镜的“洋专家”们得出了令每个中国人都不能接受的结论：中国不具备开展海洋石油工程环境数值研究的能力。他们很随意地就把这项任务交给了意大利。对于这个结果，我表示很愤怒。在我看来，西方人可以看不起某个中国人，但是绝不能看不起中国！

历史总是惊人的相似。这让我想起了早在 20 世纪初，詹天佑被清政府任命为总工程师，修筑从北京到张家口的铁路时也遇到了相同的情况。这是我国第一条由本国工程技术人员设计施工的铁路干线。消息一传出，全国为之震动，认为这为中国人争了一口气。可帝国主义国家却认为这是个笑话。有一家外国报纸竟然轻蔑地说：“能在南口以北修筑铁路的中国工程师还没有出世呢！”

这段铁路从南口过居庸关到八达岭，一路全是高山深涧、悬崖峭壁，外国人认为这样艰巨的工程连外国工程师都不敢轻易尝试，中国人更完成不了。总工程师詹天佑不怕嘲笑，不怕困难，他因地制宜，设计了人字形路线，大大减少了工程量，并利用竖井施工法开挖隧道，大大缩短了工期。不满四年，铁路全线竣工，比原来的计划提早两年，真正为中国人争了口气！

没想到历史走到 20 世纪 80 年代，西方国家的有些人仍然不知道吸取一点历史教训。我觉得有点可笑，我也不信邪，我坚信我们一定有开展海洋石油工程环境数值研究的能力。于是，我默默地开始了对抗赛。

凭借着我和我的团队深厚的数理根基和精湛的计算机基础，当然还有为国争光的勇气和不服输的气概，我们夜以继日地研究。一年以后公布研究成果时，我们才发现原来外方的研究仍停留在数值模拟第二代，而我们团队已经研究到了第三代，高低立现，外方自然认输，我们团队以同等的价格赢得了任务。

我觉得赢得了任务固然可喜，更重要的是为自己和国家争了口气，这口气憋在我心中好多年，不吐不快：西方人总说中国人这个不行那个不行。历史告诉他们，中国人用实际行动告诉他们，中国人无论在哪个领域都行！

尽管要求很高，条件很苛刻，时间也很紧迫，但是我们既然接下了这个任务，就一定要圆满地完成它。我对我的团队说："这是科技水平的较量，来日方长，苛刻的条件更能检验和显示我们的水平。"

我们团队众志成城，合同一签完就全力以赴地投入工作中。我们合理分配工作，日夜不停地奋战。那时候的计算机还不像现在这么发达，每秒只能运算 20 万次，往往一次风、一股浪就需要测试五六个小时，这极大地限制了我们的工作效率。不管白天还是黑夜，只要一开始计算就不能停下来，因为这，我们的眼睛都熬红了，而且由于长期废寝忘食地工作，人也累瘦了。可是这一切都是值得的！通过我们的努力，任务提前圆满完成。验收的时候，完全是按照国际工程程序进行，西方专家目瞪口呆，竟未对我们给出的数据做任何改动，满意地连声喊"OK"。

袁业立在作学术报告

自那以后，他们对中国科学家刮目相看。在中国南海石油开发前期高新技术研究中，中国科学家彻底推翻了西方国家的垄断地位，在国际招标中的中标率总是高达 100%。

我认为，要立于世界民族之林，必须要有骨气和志气，不能对"西边来的"点头哈腰，对"东边来的"也点头哈腰。潜心钻研，勇于打破垄断，研究出属于自己的成果，这样才不会被别人牵着鼻子走。

好奇心与专注力，铸就科学上的“意守丹田”

物理海洋学家 胡敦欣

科学家简介

胡敦欣院士

胡敦欣，中国科学院院士，中国科学院海洋研究所研究员、博士生导师，中国海洋湖沼学会名誉理事长，国际黄海研究会名誉会长。从事海洋环流、海洋气候和海洋通量（碳循环）研究工作，有一系列重要科学发现和学术成就：在太平洋发现并命名了“棉兰老潜流”，这是首个由中国人发现的大洋环流；在中国陆架发现中尺度涡旋“东海冷涡”，开创了我国陆架环流研究；发现“陆架上凡有上升流的地方，海底沉积必为软泥”的科学规律，推动了海洋学科交叉研究；提出“浙江沿岸上升流的非风生机制”，修正了其风生上升流的传统观念；在国际上率先开展陆架海洋通量研究，得出“东海是大气二氧化碳的一个重要汇区”的重要结论。

2010年胡敦欣院士领衔发起“西北太平洋海洋环流与气候实验（NPOCE）”国际合作计划，并任其科学指导委员会主席至今，是当今国际西太平洋海洋环流研究的引领者。2015年，领衔17位国内外科学家在*Nature*期刊上发表评述《太平洋西边界流及其气候效应》一文，该文是*Nature*上第一篇有关太平洋海洋环流与气候效应的评述文章。

结缘海洋科学研究

我与海洋科学研究结缘说起来并不意外，其实总结起来就是“国家的需要就是我的志愿”。

那是在 1956 年，当时我正在山东省即墨一中读高三，马上面临毕业高考。我的班主任蔡孟僴老师教物理课，因为我力学学得很好，所以他很欣赏我，建议我报考北京大学数学力学系。当时正赶上国家制定《十二年科学技术发展规划》，号召年轻人向科学进军。

就在高考志愿选择时，山东大学海洋系派来钮、陈两位老师找到王校长说：“山大海洋系是全国唯一有关海洋军事保密的专业学系，我们想到你们中学挑选优秀学生报考山大海洋系。”学校当然大力支持，于是在三个毕业班共选了 20 余名学生报考山大海洋系，这其中就有我。

当时虽然我觉得北京大学是全国最高学府，也一直很希望进入这座学府学习，但既然国家需要这样的人才，那我更要响应国家的号召。我便将第一志愿由北大的数学力学系改为了山大的海洋系，这也是我开始海洋科学研究的第一步。

大学期间，我静心学习，不知不觉对物理海洋产生了浓厚兴趣。当时毛汉礼教授在物理海洋领域建树颇深，我怀着仰慕之情报考了中国科学院海洋研究所毛汉礼教授的研究生，并有幸被录取（当年共考取三人）。1961 ～ 1966 年，我师从毛汉礼教授，受益匪浅，对物理海洋的研究日益加深，这更加促使我意识到对海洋科学的研究将是我一生的追求。

毛先生 1954 年从美国斯克里普斯海洋研究所回国开创和发展了我国的物理海洋学研究。当时国外在这方面的研究一直领先我国，大多数的研究文献都是外文，因此外文学习便是重中之重。毛先生治学严谨，他要求年轻研究人员周一至周五晚上都到办公室学习外文和业务，经常到办公室查夜，并要求我们“像胶一样黏在椅子上”，坐下就不起来。他的办公室和研究生的办公室仅一门之隔，他在涂有石灰

胡敦欣（右一）与导师毛汉礼先生（左一）在美国夏威夷和 K. Wyrtki 教授在一起

的透明玻璃上用水涂个洞来查看学生的用功学习情况，有问题他就推门而进。

正是毛先生这种严谨治学的态度，使得我们研究室的学生外文成绩突飞猛进，对外文文献的阅读也变得游刃有余，研究日益加深。在夜以继日的学习研究过程中，我越发觉得海洋科学知识的无穷无尽和无限魅力，它像磁铁一样深深地吸引着我，让我在海洋科学研究的道路上始终坚定信念，不离不弃。

学习和研究的道路上从来都不是一帆风顺的，我们必须脚踏实地，一步一个脚印。在海洋科学研究的道路上，发生过许多令我记忆深刻的事情，在这里我选几件分享给大家，希望大家能从中得到一些启发。

练就科学上的“意守丹田”

研究生期间，我练就了毛先生培养的“法宝”——一坐下来就能集中精力到学习上，心无旁骛，极其有效，我将之叫作科学上的“意守丹田”。

胡敦欣研究生期间留影

这个“法宝”，在我后来当海洋所副所长时应用非常有效。副所长有很多行政事务要做，占去许多时间。上午、下午下班前没人来找我处理行政事务时，我就回到自己的业务办公室，每天从上午 11 点到下午 2 点、下午 5 点到晚上 8 点聚精会神搞业务，然后回家吃饭，饭后再回办公室工作到半夜，周末、节假日也在办公室加班。这样，我用于搞业务的有效时间就比一般人要多许多。

一到业务办公室，精力马上就能集中到业务上，效果很好，直至现在我也还受益于这个“法宝”。这个“法宝”得益于毛先生的精心培养，终生有效，终生难忘，我希望你们也可以尝试练就这个“法宝”，无论学习和工作都很有效率，值得一试。

责任和奉献永远是时代的主题

1981～1982 年我在美国伍兹霍尔海洋研究所与当地的两位科学家商定开展南黄海环流与沉积动力学联合调查研究，1982 年夏天回国。这一年工作繁重，每天的工作量都很大，其间我逐渐感觉到身体有些不适。

1983 年 7 月，我被查出患上了糖尿病，吃了三个月的中药后，病情终于被控制下来，身体状况逐渐好转。

这年秋天正赶上要实施中美黄海海上合作调查（中方首席科学家秦蕴珊、胡敦欣，美方首席科学家 John Milliman 和 Robert Bearsly）。然而，当时所里没人能在海上和美国专家交流解决现场调查有关问题，我便和中医大夫商量能否开出中药让我带着出海。大夫说："你现在每三天来诊脉调整处方，目前刚见好转，就要出海，你不要命了？我不同意你出海！"

我心急如焚，海上合作迫在眉睫，如果我不能出海，那海上合作就难以进行。我几次向大夫央求，大夫只是不允。最后我坚定地向大夫表态："我已决定必须出海，恳请您给我开中药，到船上我会按时服药，监测尿糖。"最后大夫实在拗不过我，只好摇头说："我没见过你这样的病人，为了工作连命都不要了！真是……好吧，我给你开 20 副药，你到海上以后每天一定要按时服药！"

回到家，老伴把 20 副中药煎好放进葡萄糖瓶子里，让我带到船上放冰箱，每天早晚空腹各服一次。同时，老伴给我带了许多瘦肉炒成的肉松，每餐抓一把放在

胡敦欣（中）参加太平洋海洋科学考察

稀饭里充饥；另外，船上厨师每顿都给我准备豆腐。即便这样，一上船我的尿糖也很快就三个、四个、五个加号，最后直接变红色了。

现在想想还真是有些后怕，那天大夫讲的真是对的！在海上这段时间，我每天查六次血糖并记录下来，出海回来时记了整整一本拿给大夫看。“你看看！我告诉过你，上船会很严重的，现在相信了吧？”大夫不高兴地责备我。我说：“对不起，已经这样了，从头开始吧！您说怎么治疗，我保证按您说的做。”又连续治疗了三个月，尿糖才恢复到出海前的水平。

回想起这件事，我虽然有些后怕，但是不后悔，如果再给我一次选择机会的话，我还是会坚持当初的选择。在我心中，责任大于一切，能够为科学事业奉献一点微薄之力，我甘之如饴。

木桶效应，补足短板

1962 年全所考俄文，我考了第一名，但中国科学院的研究生要求第二外文英文必须过关，否则取消研究生资格。我大学没学过英文，怎么办？我就买了两册国际关系学院基础英文读本，才读了七课就用了近一个月。我不禁想：要是这样读下去，那英文得到什么时候才能过关啊！我觉得这个方法是不可行的，必须找到速成的方法。想了好久，我决定先从语法入手，就买了一本有关科技英语语法的书，请从香港回来读生物学研究生的古宪武同学教我英文国际音标。

开始读这本语法书的时候，满篇生字，我一个个记在小本上，注上国际音标，每天晚上睡前和早起后第一件事就是读一遍这一天的新单词，周末复习一周的几百个单词。开始的时候一页要学习近三天，慢慢地熟练以后，一天能学三页。这本语法书，我第一遍用了三个月读完，第二遍用了十天，第三遍用了一天，每遍都用不同的颜色标记。读第四遍时仅用了半天，用红色标记，这样全书标记有红色的就寥寥无几了，我掌握的单词已有三四千个了。这时我以为英文语法过关了就能读文章，结果还是看不懂，我这才意识到自己还是差得很远。

于是我又去买了有关英文阅读的书，仔细读完后再开始读文章，从专业的到非专业的，难度逐渐加大，包括惯用法等。这期间还要补学数学和力学（许多是大学里没学过的），进行外文和数理交叉学习。功夫不负有心人，1963 年全所考英文，我的英文成绩名列前茅。

胡敦欣研究生时用过的英文词典

1979 年，我出国到美国麻省理工学院（MIT）访问交流，当时我的英文读写基本没问题，但听说还不行，于是开始考虑如何提高英文听说能力。

在麻省理工学院，每天上午 10 点有近半小时休息交流时间，我每天都争取参加，以练习英文听说。受阅读习惯的影响，我在表达时都是先酝酿组织好句子再慢慢说出来，多是带 which、that 的文章式长句。美国的教授和同学纠正我说：“你的语法很好，但在日常交谈时，我们不用长句子，用简短明了的短句表达清楚就可以了。”后来，我就特别注意他们是如何用短句表达的。

当时麻省理工学院为刚到美国的人开办了英文口语短训班。美国老师告诉我们，要提高英文听说能力，必须让英文洗脑（To improve your spoken English you should let the English language wash on your head）。于是，我便去买了一个自动控制的收音机，每天晚上睡觉前听一小时的新闻电台广播，这个方法我感觉非常

胡敦欣在美国麻省理工学院访问交流期间留影

有效。就这样，我的口语进步很快，听学术报告也不紧张了。学术报告里，人们经常会用到习语、惯用语、土语（俚语）。为此，我每次在参加聚餐或野餐时，都请求美国的同学教我一句习语，并讲明其演化来源。通过这种方式，我学到了不少俚语、习语，比从字典死记硬背更容易记住。

通过这个故事我也想告诉大家，努力很重要，方法同样重要，找对了方法就会事半功倍。

也许你们会问，为什么会有这么多“为什么”？因为所有的研究都是从提出问题到解决问题的过程，好奇心是科学研究的原动力。我来举两个例子。

“东海冷涡”的发现

1977～1978 年东海大陆架调查项目中，要做 24 小时连续观测，我被分配负责用深度温度计（BT）观测温度随深度的变化，每小时一次。我在一测站处发现记录异常——东海通常温跃层都在 20 米左右，而这处的温跃层在 5～10 米处。我感到十分好奇，便立刻向船长提议连续观测完毕后在附近测量一下这种现象的范围有多大，但最终因为事先无计划而未能如愿。我们只能通过收集的东海陆架的水温数据推断出在东海有两块负值区：第一块在浙江沿岸上升流区，自然是上升流引起；第二块在东经 125°～126°和北纬 32°附近呈近似圆形，进而推定此处负值是由逆时针环流所致，依此确认东海这一区域的温度负偏差是冷涡引起。

如何证明冷涡的长久存在？1982 年年底，秦蕴珊教授办公室墙上的一张图引起了我的兴趣。我问秦教授图中在冷涡区附近划有的黑色圆形区样是什么意思，秦教授回答是软泥沉积。我又问从哪里来的，秦教授回答说老黄河口。我心里疑惑，为什么这个区域不是老黄河口的一条连续软泥带，而是孤立圆形呢？经过再三琢磨，我最后得出了结论：东海陆架海水中有大量悬浮物质，浓度随深度而增加；在逆时

6100 米深海潜标顺利收回，胡敦欣接受记者采访

海洋科学考察中胡敦欣（中间）与外国科学家交流

针冷涡作用下，下层富含悬浮物质的海水上升，这些悬浮物颗粒相互碰撞使颗粒不断增大，直到不能被微弱的上升流流速支撑而下沉；如果逆时针冷涡是长久或半永久性存在的，经过漫长的时间，海底细颗粒沉积则自然而成。

1983 年年底，中国科学院在武汉召开地学研讨会，我做了冷涡和海底沉积关系的报告。许多地学专家对此很感兴趣并表示赞许。会后，老所长曾呈奎先生鼓励我说："你的研究结果很好，要争取尽快整理成文后发表。"于是我抓紧时间进行整理，再次严谨地论证和反复修改推敲后，在 1984 年将此项研究结果发表在《海洋与湖沼（英文版）》（JOL）上。

"浙江沿岸上升流非风生机制"的提出

全国海洋普查报告指出，浙江沿岸上升流是风生的（夏季西南风引起的）。然而我所在的浙江沿岸上升流课题组在冬天测量海流时发现，浙江近海底层海流是趋向海岸的。这一发现引起了我的好奇，本来冬天是北风，应该产生沿岸下降流，那

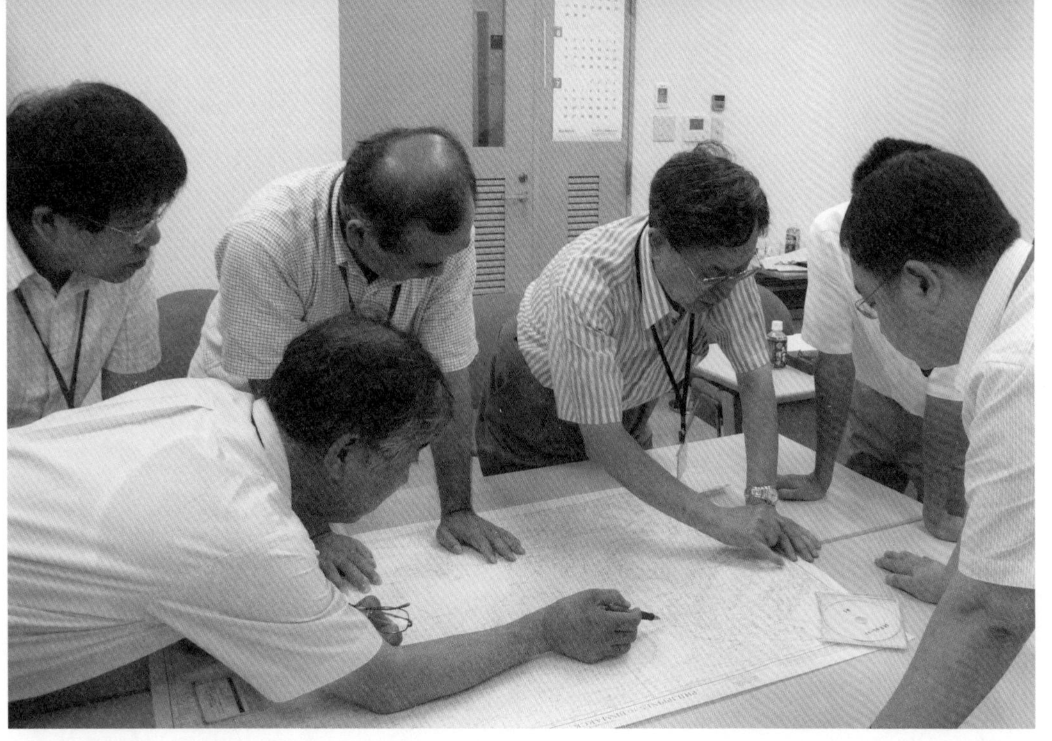

胡敦欣（左四）2009年日本考察期间与团队讨论工作

为什么实际却是底层海流趋向海岸呢？带着这一问题，我查阅了大量资料并进行了一系列的探究。最终我断定：这说明冬天也有上升流，而这种上升流应该是黑潮（又称日本暖流，是北太平洋西边界最强的海流）北上遇海岸爬升引起上升流导致的。由此得出“浙江沿岸上升流不仅夏天有，冬天也有，具有非风生性质”的结论。研究成果在 1980 年发表。

只有提出问题才能解决问题，从而形成自己的研究，因此我建议大家在日常学习和生活中多问问为什么，说不定哪天就会有惊人的发现。

基础研究成果包括科学发现、科学理论和科学方法三个方面。我认为，在海洋科学研究中，每个方面（专业）都需要持之以恒、刻苦努力，才能取得突破性的成果，从点到面全面带动我国海洋科学的发展，快速提升我国海洋科技水平。我希望自己能像恩师毛汉礼先生一样，通过严格要求培养出更多的海洋科学尖端人才，从而与国外一流研究机构在同样学术水平上有更多的交流和合作。

义无反顾，一往无前

海水鱼类养殖专家 雷霁霖

科学家简介

雷霁霖院士

雷霁霖，中国工程院院士，著名海水鱼类养殖学家，增养殖理论与技术的主要奠基人，工厂化育苗与养殖产业化的开拓者。曾任中国水产科学研究院黄海水产研究所研究员、国家鲆鲽类产业技术体系首席科学家、全国水产原种和良种审定委员会委员、中国海洋大学及厦门大学兼职教授和博士生导师。

雷霁霖院士主持完成30多项国家重大科研项目，系统研究了22种海水经济鱼类的增养殖理论和技术，其中8种已经实现产业化。20世纪60～80年代，首先突破梭鱼等10多种经济鱼类的育苗工艺，相继构建起工厂化育苗技术体系；90年代初，开发了达到国际先进水平的真鲷工厂化育苗新工艺和新技术；率先在国内创建了多种海水经济鱼类人工苗种大规模放流增殖的系列研究方法。与此同时，为了克服我国北方沿海大多数养殖鱼类不能适应低温条件下越冬的天然障碍，率先从英国引进冷水性鱼类养殖良种——大菱鲆（多宝鱼），全面构建起大菱鲆“温室大棚+深井海水工厂化养殖模式”，开创了大菱鲆工厂化养殖大产业，对我国第四次海水养殖产业化浪潮的兴起和沿海“三农”经济的发展做出了重要贡献，在国内外产生了巨大的影响，被誉为“中国大菱鲆之父”。

结缘海洋科学研究

我出生在福建省宁化县城关翠江镇，我的故乡位于闽西的崇山峻岭之中，是一座古朴、美丽而又灵秀的小山城。

我清楚地记得上高中那年，看过一部有关中国与东欧国家国际儿童暑期夏令营的彩色纪录片，夏令营的地点在山东青岛。那是我第一次看电影，当然也是第一次看彩色电影。从电影上我领略到了青岛红瓦绿树、碧海蓝天的唯美风光，顿觉心驰神往，还有那闻名全国的山东大学（原址青岛）和国际上名声显赫的海洋生物学家——童第周教授，这一切就好像一块巨大的磁铁一样吸引着我。从那时候起，我就深深地爱上了美丽的青岛和大海！

1954 年，我毅然报考了当时还在青岛的山东大学，很幸运地，我被录取了。当接到录取通知书时，全家人都沸腾了，我更是激动不已，因为一个山里的孩子就要实现亲近大海的梦想了。

当年 9 月，我翻山越岭徒步走了三天才到达江西省的广昌县，从那里搭乘长途汽车去南昌，再换乘北上的火车，辗转七天才到达山东省青岛市，路途遥远且艰辛。但是当我第一眼望见湛蓝的大海和美丽的校园时，我觉得我的选择和七天的辗转旅程都是值得的，我似乎寻找到了事业的希骥和人生的归宿……

大学期间，我因仰慕童第周先生而选择了生物系胚胎学业的课程。童第周、叶毓芬教授为我们讲授动物胚胎学基本原理，张致一教授讲授化学胚胎学，李嘉泳教授讲授无脊椎动物胚胎学，黄浙教授讲授脊椎动物胚胎学，曲漱惠教授讲授组织学……老师们精彩而亲切的讲授，极大地激发了我的专业兴趣和学习热情，以至于若干年过去后，至今犹在耳边。

我最喜欢实验课，在显微镜下观察肉眼看不到的生命现象，尤其在解剖镜下连续观察鱼类胚胎发育过程，那种与时空同步瞬息万变的情景对我产生了巨大的吸引力。当时，我曾经幻想过：假如各种鱼类的胚胎和胚胎后发育都能在全人工条件下不断获得重演，那么我们苦苦求索的鱼类增养殖产业化，不就可以顺利实现了吗？

山东大学（青岛）求学时期的雷霁霖（右二）

大学期间在实验课上进行显微镜观察的雷霁霖

这个梦想不止一次地引领着我，让我在学习的过程中朝着这方面努力，踏踏实实地学习基础知识。大学前两年的学习给我打下了坚实的专业基础，对以后梦想变成现实有着极大的帮助。

大三实习阶段，我参加了中苏合作的渤海莱州湾鱼卵、仔鱼的调查研究工作，通过不断的研究和努力，高质量地完成了十多种经济鱼类的人工授精和仔稚鱼培育实验，受到中苏双方专家的好评。

1958 年大学毕业后，我被分配到黄海水产研究所，从事海水鱼类养殖研究。当时，我国在该领域的研究工作刚刚起步，面临诸多挑战。但是正是自己的专业所长和兴趣所致，我思想准备比较充分，又有 1957 年的科学实践基础，因而自信心很强，便积极投身到全国性的“海鱼孵化运动”当中，从此走上了海水鱼类养殖研究的道路。

其实真要说起来，还是童年时看的那场电影对我以后的研究道路的影响最深，这也是我与海洋科研结缘的重要原因。小时候的印象是最深的，它会直击你的内心，在你心里扎根发芽，总有一天会长成参天大树。所以我想告诉大家的是，对于未来要从事什么行业或者研究，还是要遵从自己的本心，多问问心里想要的究竟是什么，想想小时候的憧憬和愿望，因为那是最不带任何功利性的想法，会对你的选择有所帮助。

“北苗南养”的空险时刻

20 世纪 90 年代，我参加了中日合作的“小麦岛水产增殖项目”，开展了真鲷苗种生产技术的开发，在黄海水产研究所小麦岛渔业科研基地（现在的小麦岛公园）获得试验成功，连续三年生产真鲷商品苗种突破 100 万尾，苗种成活率 30% ～ 60%，达到了国际先进水平。但真鲷养殖的产业化面临着一个瓶颈问题：我国北方冬季水温低，真鲷无法越冬。于是，我们将北方真鲷鱼苗运到福建、广东等南方沿海养殖地区过冬，从而开创了“北苗南养”的全新养殖模式。南方适宜的自然环境使真鲷在冬季快速生长，大大缩短了养殖周期，经济效益十分显著。

1991 年中日合作“小麦岛水产增殖项目”开幕式（前排左二为雷霁霖）

在交通不发达的 20 世纪 90 年代，从青岛到福建要坐五天的火车，所以利用火车将大批量真鲷苗保活运输到南方是来不及的，只能走空运。我们辗转打听，最终了解到解放军的“安 –26”运输机可装载三个养殖水槽，两个小时便能从青岛飞到福建，于是“北苗南养”的接力途径就这样搭建了起来。

有一次，我和同事押运 20 多万尾真鲷鱼苗去福建，因为已经不是第一次运输了，心里并不紧张。飞机起飞后，我们按照惯例忙着查看鱼苗状态，调整水体各项参数。过了一会儿，我们突然发现舷窗外原本清透的蓝天白云变得模糊起来，我好奇地凑近了用手擦玻璃，发现什么也没有，玻璃像是从外面被什么东西给弄模糊了。我赶紧跑去前排找解放军同志反映了情况，解放军同志淡定地答复我："没事，回去照顾好你的鱼吧。"

我一边走回到水槽边，一边向窗外看去，虽然心里仍有疑惑，但是解放军同志坚定的口气使我没有再过多担心，便继续和同事照看鱼苗。

没过多久，我们感到飞机正在下降，还惊讶怎么今天飞得这么快，很快发现飞机下降的速度也很快，着陆时飞机发生了非常剧烈的颠簸，我们只能坐在座位上紧紧抓住扶手才不至于被颠簸弹起来。

飞机着陆以后滑行的速度依然非常快，我感觉我的心都提到嗓子眼了，那时候我担心的还不是自己，而是我的那些鱼苗。像是过了一个世纪那么久，飞机终于停稳。我立马解开安全带，赶紧跑到水槽边，当看到小鱼苗仍活力十足地摆着尾巴

中日合作期间长崎大学多部田修教授（右一）访问麦岛实验基地（左一为雷霁霖）

时，才松了一口气。

下飞机时，我们完全不知发生了什么。"呀，怎么又回到了青岛流亭机场？"同事们都惊呼了起来，我心里猛地一惊，发现我们真的竟然又回到了青岛流亭机场，而且我们脚下不是机场平整的跑道，而是被划开、掀起的杂乱的草坪。解放军同志这时才告诉我们实情，原来飞机起飞不久便发现了液压油泄漏，于是不得已安排返航，当时为了不引起我们的恐慌才没有告诉我们。

液压油泄漏使得起落架无法收回，且刹车系统失灵，因此着陆时是滑翔降落的，

雌雄追尾中的真鲷

刹车距离长，因此才滑出了跑道。我们看到的窗外模糊的东西也不是别的，正是液压油。听到这里我着实吓出了一身冷汗，回想起刚刚的经历，真是心有余悸，电影中的空难场景竟然真的发生在我们身上，所幸有惊无险。

稍做收拾，我们又赶紧联系车辆将鱼苗拉回小麦岛基地。但是福建的养殖户们等着要苗，于是没多久，我们便又一次登上了飞往福建的“安 –26”。你们若要问我那时怕不怕，我不得不承认，确实有些怕，但是工作还是要做，我也相信解放军战士们的能力，便也顾不了那么多了。事后想想还真是有些后怕，毕竟生命只有一次。但是如果让我再做一次选择，我还是会选继续运送鱼苗，因为我觉得总有一些事情是可以超越生死的，而这也恰恰是我国科学事业飞速发展的重要原因吧。

在我们做“北苗南养”之前，南方的真鲷养殖靠的是捕获野生鱼苗，资源有限而且规格品质参差不齐。北方真鲷苗种大规模繁育成功后，我们一趟趟地向南方运输人工苗，让南方真鲷养殖产业迅速发展起来，仅福建罗源湾一处，近岸海水养殖网箱的数量便在三年的时间里从 1 万只变成了 100 万只。

现在，我常常将这件事当成一个历险故事讲给我团队的年轻人听，他们总说“大难不死，必有后福”。我想这不是说我，而是说真鲷，更是说我国的海水鱼养殖产业，历经艰难，才走向繁荣。

大菱鲆工厂化养殖的晕倒事故

我在青年时期就患有高血压病，但因工作而往往忽视潜在的病痛带来的危险，所以曾酿成三次晕倒在工作现场的大事故，其中一次晕倒的经历让我记忆犹新。

那时我正在山东威海的养殖基地做大菱鲆繁育技术攻关的关键实验。一天晚上我完成了一天的实验工作，夜里 12 点才离开养殖车间回到宿舍休息。早晨大概 5 点时，我从睡梦中突然惊醒，心里有种不好的预感，一下子从床上爬起来，直奔养殖车间，还没走进车间，便看到水蒸气正在从门缝里往外冒。当时我心里一惊，猛地推开门，发现所有养着实验大菱鲆的养殖池都在腾腾地冒着白汽。

原来，因为没有人跟锅炉房烧热水的师傅交代对接好用水量、时间等问题，热水源源不断地流进了养鱼池，水温一度达到 40°C以上，因此冒起了热蒸汽。这对于适宜在 20°C左右生活的大菱鲆来说，是致命的伤害。看着辛苦培育的大菱鲆在水池里被烫死，我感觉所有的血液都冲进了脑子，一阵眩晕，倒在了池子边上。旁边的同事知道我有高血压的老毛病，赶紧给我吃了随身带的降压药。我稍微清醒了一些后，马上对我旁边的人说：“赶紧抢救！快加凉水降温！”当水温从 40°C慢慢降下来，我的血压也渐渐降了下来。我

大菱鲆工厂化养殖车间

66日龄全苗，4 cm，背部

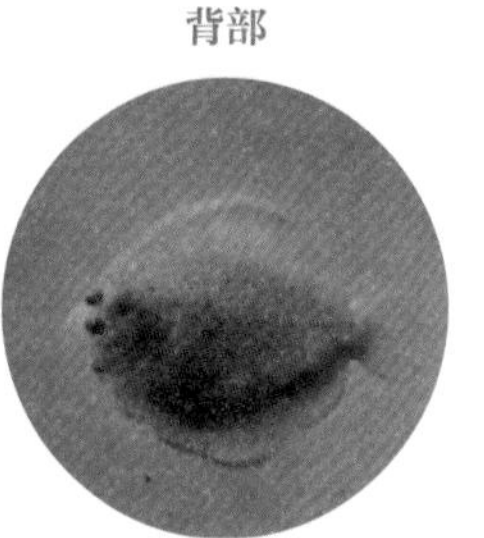

66日龄全苗，4 cm，腹部

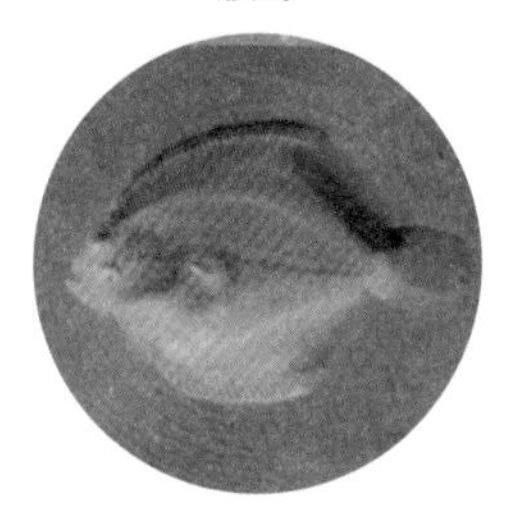

3月龄

大菱鲆苗种

们抓紧抢救了一小部分大菱鲆，但仍造成了巨大损失。

这次实验失败使我非常痛心。或许对别的工作来说，一次工作失败以后再重来，不会花太长时间，但是对于鱼类繁育研究而言，一次实验的失败就意味着一年的辛苦劳动化为泡影。因为鱼类是多年生的动物，一年只能繁殖一次，也就是说一年只有一次给我们做实验的机会。我们必须同时间赛跑，抓住关键的那几天，才能有机会攻克苗种繁育的技术难题。

尽管鱼类养殖实验条件非常艰苦，尽管我也无法保证下一次实验就会成功，但我从未有过放弃的念头，一干便是 40 多年。我总是这样勉励自己和团队：再难的工作也要有人干！我们现在干了特别难的工作，如果退却了，别人还要从头再来，还不如我们现在硬着头皮坚持下去。

最终，经过七年的技术攻关，我们突破了亲鱼强化培育、光温调控性成熟、分批产卵和年周期内多茬育苗等一系列关键

雷霁霖院士（右一）在大菱鲆养殖基地

多宝鱼之歌

——为庆祝多宝鱼引进20周年而作　雷霁霖

turbot 啊！多宝鱼！
你的名字那样响亮、美丽，
你的肌肤如此爽滑细腻，
还有那寓意深远的文化魅力，
“多宝多福”、“吉祥如意”，
所以，大家特别喜爱你！

古罗马王室，把你奉为“海中雉鸡”，
宫廷里把你当作一道珍馐美味，
可是，欧洲的普通老百姓啊！
却可望而不可及。

你不远万里从欧洲走来，
中国人用特殊的方式款待你，
为你建造了大型工厂，
用循环流水和优质饲料喂养你。

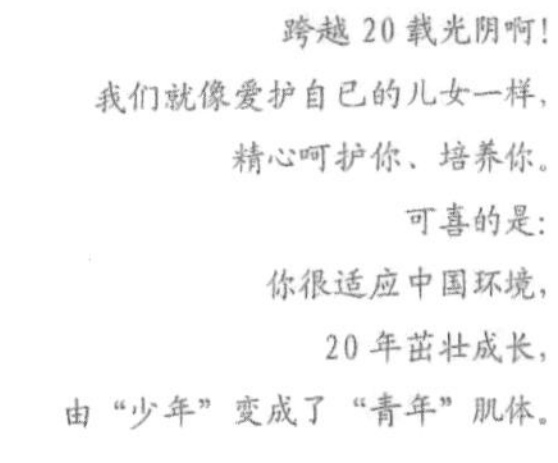

跨越20载光阴啊！
我们就像爱护自己的儿女一样，
精心呵护你、培养你。
可喜的是：
你很适应中国环境，
20年茁壮成长，
由“少年”变成了“青年”肌体。

产学研20年打拼啊！
我们倚靠创新科技，
一路披荆斩棘，
为你的产业发展而竭尽全力。
当你赢得了多个世界第一，
我们打心底里感到格外欣喜！

见到你在国内市场上，
纵贯南北、驰骋东西。
看到你在餐馆酒店里，
处处受到热情的礼遇。
我们已经充分感受到，
人生的价值观和目的。

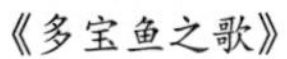

《多宝鱼之歌》

技术，育苗平均成活率为17%，达到了年出苗量超过百万尾的国际先进水平。

大菱鲆就像我的孩子，我爱它，甚至为它写了一首《多宝鱼之歌》。我的目标是将它尽快产业化，因此，我没有对关键技术申请专利保护，而是将研究成果公开，帮助企业扩大生产。那个时候，一池子鱼苗大概就是一辆奔驰，但我不要，我把利润全部给了企业。我想要的就是实现大菱鲆在北方的规模化养殖，让它能被端上寻常百姓的餐桌，人们过年过节都能吃上它。有人问我为什么能够数十年如一日地以鱼为伴，辛苦钻研，我的回答是：干起专业活来，不知道自己图什么，只知道义无反顾，一往无前。

现在我们国家的科技水平飞速发展，有很多领域已经走在世界前列，但是我觉得还不够，我们还可以更好，我们的祖国在任何领域都能够走在世界前列。那么，我所希望的是，下一代的你们能够成为“不知道自己图什么”这样的人。

从戈壁到海洋：山海之间的科学梦

海底科学专家 金翔龙

科学家简介

金翔龙院士

金翔龙，中国工程院院士，海底科学（海洋地质－地球物理学）专家，我国海底科学的奠基人之一，对学科的创建和发展做出了重要的开拓性贡献。长期致力于我国边缘海的海底勘查与研究，开辟学科的新方向和研究的新领域，推动我国浅海海底油气勘探的起步，并率先开展我国渤、黄、东海的地球物理探测，对中国海的构造格局、地壳性质与演化等提出的重要论述在国内外有重要影响。主持研究的大陆架及邻近海域勘查攻关项目对维护我国海洋权益有重要贡献，受到国家表彰。在大洋海底勘探开发方面，代表我国在联合国争得东太平洋理想矿区，并主持与负责原国家海洋局承担的“大洋多金属结核资源勘探开发”重大专项，勘探工程达到国际先进水平，为按联合国要求完成我国太平洋勘探区分配方案和实施洋底开采工程奠定了基础，为我国进入大洋勘探开发的国际先进行列做出了重大贡献。

结缘海洋科学研究

青年时期的金翔龙

我的科学事业，可以说是和新中国一同冉冉升起的。1949 年的夏末秋初，在新中国即将成立之际，我开始了我的高中生活，面对百废待兴而又朝气蓬勃的神州大地，我的科学梦也蠢蠢欲动。

高中毕业后，在学校和社会的号召以及对西北边疆的神往之下，我暂时放下了成为人民海军战士的心愿，踏上了地质学的学习之路。然而在若干年之后，我还是以另一种方式与海洋结缘，让人不得不感叹人生际遇之奇妙。

在大学的末尾，我深入西北柴达木盆地开展艰苦的地质普查工作，同时也对神秘的雪域高原心生向往。在我认定自己的一生即将扎根于西北边陲之时，命运却突然向我敞开了另一扇未知的科研之门。我国有着浩瀚的海疆，长期以来竟无人关注海底资源开发。于是我在征求王鸿祯、马杏垣等师辈们的意见后，毅然决定“挥戈”指向汪洋大海。

占据地球表面约七成的海洋是由水圈、生物圈和岩石圈（海底）组成的整体。千变万化的海底生态环境、丰富的海底矿产资源、频发的海底灾害以及蓬勃发展的海洋经济（海港建设、海底工程和资源开发）等深深地吸引着我。我从海量的资料中窥测到了世界各国海底研究的发展，深刻地意识到经略海洋是强国必经之路。而彼时我国海洋事业的发展仍处于襁褓之中，辽阔的海洋却鲜有国人问津，而我决心要补上这个缺漏。

在童第周、曾呈奎等先辈们的关怀下，我开启了我的海洋梦，而这一走，就是一生。此后我带领团队开展海底石油勘探、绘制钓鱼岛附近海槽构造图、在联合国为我国争取海洋权益，不断向波澜壮阔的海洋秘境发起挑战，在世界的海洋事业建设中发出中国声音，也算不负我青葱岁月时向往海洋的诚挚初心。

海洋初探，乘风破浪的孤帆

1957 年，我正扎根于青岛的中国科学院海洋生物研究室开展科研工作。在那个生机勃勃、热火朝天的年代，我胸膛的热血也止不住地沸腾，摩拳擦掌准备运用自己的专业积累，向海洋进发，干出一番事业。因缘际会下，我的海洋地质勘探“首秀”如约而至，这也正是当时艰苦而又充满希望的社会环境下科研行动的常态：不断攻坚克难、突破限制，从贫瘠的土壤中培育出繁花。

乘着当时国务院科学规划委员会海洋组筹划海洋普查的东风，以调查渤海海峡周边不明油迹为契机，我开始恶补地球物理这门学科的相关知识，同时萌发了一个挥之不去的念头：开展我国海洋石油调查。

在全国海洋普查的筹备会议上，我忐忑地提出了将石油勘探加入此次行动的想法，并很快得到了领导小组审慎的批复，令我喜出望外。这正是我们大展拳脚、报效祖国的大好时机！在石油如此紧缺的时期，说不定这就是划时代的一次行动。然而兴奋过后，一系列的问题也接踵而来：一是物，二是人。

我向海军提出支援请求，借用一些部队的战斗舰艇充当调查船，其后，组建队伍，抓紧训练。1958 年 9 月 15 日，24 岁的我带领“新鲜出炉”的调查队伍进行海上训练，乘坐着当时设备最先进的海洋调查船“金星”号，开启了未知的海洋征程。

启程后不久，我们就遭遇了此次调查研究的第一道难关——气候。冬天的渤海湾阴风怒号，寒冷刺骨。在抵达莱州湾时，我们按计划进行海底采样，但风高浪急的

站在船上眺望大海的金翔龙

恶劣海况使得工作受到严重干扰。我年轻气盛，不愿服输，不顾船长的劝阻坚持继续调查。然而愈发疯狂的海浪不断席卷而至，船瞬间被压到水下，我一个趔趄滑倒在甲板，只得胡乱抓住一条钢缆，在冰冷的海水里摇摆，最终幸得死里逃生，如愿得到样品。而随着调查的深入，更多难题纷至沓来，尤其是设备上的短板。为了弥补这个致命的缺口，我又开启了一路过关斩将的筹措行动。

首先需要获得勘探石油的基本设备——地震勘探仪。我先是与西安石油仪器仪表厂协商，又先后联合中国石化石油化工科学研究院、中国科学院地球物理研究所和地质部等人员组成队伍，最终通过中国科学院秘书长裴丽生的引荐，得到了党组书记张劲夫的支持，获得了完整的仪器装备。在把地震勘探仪从北京运到青岛的路上，我兴奋得一夜没睡。其后又和队员们开始用土办法来改造设备，用毛竹、柏油、篮球这些日常用品制成简单的海中检波器，并自制炸药。

万事俱备后，我们紧锣密鼓地开始了海底勘探工作，当年完成我国第一条海底石油地震勘探剖面（龙口—秦皇岛），开辟了我国海底石油勘探的先河，并在数年时间内取得了一系列开创性的成果。无论是勘测报告的发表、海洋机构的陆续建立，还是为海上石油开采所奠定的基础，我们这一场“首战”，都称得上打得漂亮。

金翔龙和同事在进行设备改造

放声国际，海洋权益争夺战

广袤的海洋蕴含着难以估量的资源，尤其是深邃的海底，更潜藏着远远超越陆地的珍稀矿产，其中多金属结核、热液硫化物等重要矿藏，对高新科技和新兴工业的发展意义非凡，这引起了伴随两次工业革命而迅速成长的世界各国的热切关注。从 20 世纪中期开始，资金雄厚、技术先进的西方发达国家就已经将目光投向深海矿产资源的勘探。

深海作业对设备的要求极高，而且当时的大洋多金属结核勘探热潮当中几乎是“先到先得”，这也引起了在技术上不占优势的众多发展中国家的警觉。

1980 年，我刚结束在美国的考察回到青岛，大洋矿产的问题开始进入我的视野，我深刻意识到掌握大洋矿产开发主动权将对我国今后的发展产生深远的影响。在我进入原国家海洋局第二研究所进行大洋多金属结核勘察工作的第五个年头，我接到了一项重量级任务：审查东太平洋区多金属结核矿储量和向联合国提出我国的国际海域矿产资源开发申请方案。这意味着我将作为代表出席海底筹备委员会会议并在联合国专家组面前进行答辩。如若成功，我国将成为第五个国际海域矿产资源开发的“先驱投资者”，可划分一个可供开采的多金属结核矿区。我瞬间感到肩上的责任重如泰山，为国争光的宏伟心愿和对任务复杂性的忧虑同时充斥在心间，但箭在弦上，只有埋头苦干，勇往直前。

经过我与相关团队一个星期夜以继日的奋战，在我们精心准备并掌握了所有的会议答辩资料之后，1990 年 12 月，我们浩浩荡荡地奔赴纽约，开始了一场“苦战”。

第一天的答辩，我战战兢兢又胸有成竹地站在由 13 个国家的专家组成的答辩委员会面前，用英语介绍我国的方案，主要包括我国太平洋勘探区申请的面积与位置构想、采用的调查手段与船只、勘探程序和进度、矿区选定与划分的原则。紧接着的是委员会激烈的讨论和质询，我沉着地回答了来自法方和德方的疑问，但得来

海上钻井平台

的结果是方案未被通过，答辩委员会要求对有关细节进行调整。

当晚回到酒店，我马不停蹄地拿着计算器疯狂计算，一直工作到凌晨 3 点，拿出了新的数据和方案，并用剪刀和胶水重组了一份方案文件，短暂休息后又开始了新的答辩。同样的过程周而复始，我们根据委员会不同的意见先后拿出了五份矿区分配方案，最终争议落点在矿区面积上——为什么中国申请的面积要比其他国家多出一倍，有 15 万平方千米？我给出的答案是，中国是后来者，富矿区已经被挑走，理应得到更大的挑选权利。而这个说法却被会议主持者联合国副秘书长南丹否定了，他提出仍需进一步沟通。于是这场论争逐渐演变成我与南丹的观点交锋。

经过与南丹多次有理有据的交涉，我在又一次完成答辩之后，终于得到了期盼已久的结果：方案通过了！我满怀激动、略带颤抖地在清晰标注矿区经纬数字的协议中签下了字，同时长舒一口气，感到眼前尽是我国海洋事业的壮阔前景。三个月后，我国正式成为国际大洋多金属结核资源开发的第五个“先驱投资者”，各类机构和团队紧锣密鼓地开始了勘探和开采准备工作，我国的大洋科考事业借此东风扬帆起航，向着发达国家不断追赶。此后，每每听到传来的科考捷讯，我总是会回想起整个团队在纽约那忐忑不安又振奋人心的一个星期。这条海洋事业的康庄大道，离不开每一位科研人员的潜心付出。

挑战自我，成就自我

物理海洋学家 吴德星

科学家简介

吴德星，国际欧亚科学院院士，物理海洋学专家，中国海洋大学教授、博士生导师，中国海洋工程咨询协会副会长，中国科普作家协会海洋科普专业委员会主任委员。曾任中国海洋大学副校长、校长，中国海洋学会副理事长，中国海洋湖沼学会副理事长，教育部高等学校地球科学教学指导委员会副主任委员，教育部高等学校海洋科学类教育专业教学指导委员会主任委员，国家自然科学基金委员会地学部第三、四届专家咨询委员会委员，国家“973”计划“中国东部陆架边缘海海洋物理环境演变及其环境效应”项目首席科学家，第十一届全国人大代表，第十一届山东省政协常委，第十二届山东省人大常委会委员，享受国务院政府特殊津贴。

吴德星教授致力于海洋环流研究，在海洋环流动力学理论、数值模式和观测技术等方面取得了系列创新性成果。发现大洋与中国陆架海海洋变化间的关系，提出了新的理论框架和动力学模型；提出新的日月地引力表达式，发展了海洋环流与日月地引力作用一体化数值模式，构建了新的数据同化与分析方法；开拓性研发出船基海洋精准观测平台技术和海洋仪器规范化海上试验规程体系。研究成果获国家科技进步二等奖一项，省部级科技奖一等奖三项、二等奖两项。曾担任国家《渤海碧海行动计划》技术组组长，主持完成了《渤海碧海行动计划》大纲的编制，并指导完成了三省一市（山东省、河北省、辽宁省和天津市）《渤海碧海行动计划》的编制工作，该计划经国务院〔2001〕124号文批准实施，为渤海环境保护做出了重要贡献。积极推动海洋科学普及工作，任总主编组织编创海洋科普丛书三套（21册），其中“畅游海洋科普丛书”和“人文海洋普及丛书”分别获评科技部2013年和2014年全国优秀科普作品。

结缘海洋科学研究

海洋汇聚天地之水，它广袤、包容、奉献的自然属性孕育着海洋人的博大胸怀，它发怒时的惊涛骇浪锤炼着海洋人不畏艰险的拼搏气质，它平静时的深奥幽秘激发着海洋人勇立潮头、浩海求索的进取精神。少年时期的家境和成长环境无形之中培养了我作为一名海洋人应有的基本素养，让我与海洋结下了不解之缘。

1952 年，我出生于山东省滨州市无棣县埕口，这里当时属于滨州市的前身——惠民地区。虽然现在的滨州发展很快，无棣县受益于海洋经济，也发展迅猛，但是在我的少年时期，惠民地区却是山东省最贫困的三大地区之一，埕口则属其中的更贫困地带。

埕口位于渤海湾南岸，在它的东面和北面，是一片广袤无际的盐碱地，分布着一片片荆棘带和依滩涂而生的黄须菜，却很少能看到树木。在这片土地上生活的人们靠打井来取饮用水，打上来的水又苦、又咸、又涩。盐碱地上的农作物产量也很低，人们要靠国家救济才能勉强满足基本的粮食需求。因此，海边的生活很苦，是我少年时期留下的最深刻而鲜活的记忆。

我父母是地地道道的农民。我有三个哥哥、两个姐姐和一个弟弟，大哥长我 13 岁，大姐长我 10 岁。大哥和大姐为协助父母养活我们这些年幼的弟弟妹妹，小学毕业后就步入社会，开始为生计奔波。我在成长过程中，除享受了父母的细心养育和呵护外，从我大哥和大姐身上也深深地感受到了他们为家庭无私奉献的精神。

记得我六岁那年，父亲在搬运秋季收成时不慎压断了腿，家庭的重担便落在了大哥和大姐身上。当时，大哥在岔尖捕捞队工作，大姐在岔尖邮电局做话务员，为了我们这些年幼的弟弟妹妹，大哥大姐省吃俭用，用攒下的油票、粮票及其他生活用品支撑起我们整个大家庭的生活用度。从大哥大姐一次次送回生活用品的过程中，我感受到了大哥大姐对父母的孝，感受到了他们对弟弟妹妹的爱，更感受到了他们身上的大爱，这些都为我埋下了海洋人应有美德的种子。

青年时期的吴德星（前排右二）

1959～1961年，国家处于三年困难时期。我7～9岁的少年时光就是在如此艰辛的环境中度过的。我清晰地记得，在三年困难时期，不仅整个惠民地区颗粒无收，异地支援也有心无力。为了生存，只能自救。最困难的时期，只能靠吃野草、树皮、玉米棒心等极难消化的东西维持生命。为了寻找食物，我学会了摘野草、挖草根、剥树皮，学会了猎取任何可充饥的东西。那段艰苦的日子让我深刻认识到，求生存只能靠拼搏。正是这种与自然灾害做斗争的信念，锤炼了我作为海洋人应有的拼搏品质。

我结缘海洋源于父亲的一个决定。养

儿防老、重男轻女是贫困落后农村根深蒂固的传统思维。然而，父亲尽管识字少，骨子里却从没有重男轻女的观念。1968年，我初中毕业，我和二姐都想进入高中继续学习。但家境困难，父亲必须做出“一人上高中，一人去工作”的抉择。面对我和二姐继续上学的渴望，父亲毅然决定让我去无棣捕捞队工作，让二姐去高中继续学习。正是缘于父亲的这个决定，我在海上度过了两年作为捕捞人的时光，对海洋也有了更深刻的感性认知。

我初到无棣捕捞队工作时，被安排在无棣捕捞队 3 号船轮机室工作，半年后被派到烟台学习报务。受训结束后，我被分配到无棣捕捞队 5 号船任报务员。在两年多的海上生活中，我感受到风平浪静时，碧海蓝天给予我的惬意；2 ～ 4 级风时，船舶像摇篮一样，给我以享受；而 5 级风以上，特别是阵风达 8 级时，对生活在 30 吨级船舶上的人们而言，面对的则是船舶大幅度的颠簸和摇摆，这不仅是对个人体力和意志的锤炼，也是对全体船员生死的考验。这两年多经历的多次生死考验，培育了我不畏艰险、团结奋战的团队精神。

作为报务员，我每三小时会收到陆地指挥台转发的作业海区和邻近海区各渔船渔获量的信息。其中，荣成一艘渔船每次渔获量总占鳌头的信息，引起了我极大的兴趣。经多方了解才知，该船船长经验丰富，对海区海洋环境变化与鱼群间的关系比较了解。这是我第一次意识到海水温度及海水运动状态与鱼群洄游聚集有密切关系。这样的初步感性认识，不仅让我了解了海洋物理环境变化对渔获量的重要影响，也激发了我探索海洋奥秘的兴趣。

1971 年，国家开始推荐工农兵中优秀分子上大学，我非常幸运地被推荐进入中国海洋大学的前身——山东海洋学院学习。从此，我与海洋科学研究结下了不解之缘。

成功寓于挑战自我

1966 年，我小学毕业，跨入了初中学习阶段，但因“文化大革命”而没能在这一阶段掌握太多的科学文化知识。1968 年 12 月，我领取了初中毕业证，走出校门，步入社会。幸运的是，在北京大学和清华大学试点的基础上，国家批准各高校开始招收工农兵学员。经过严格的选拔程序，我有幸成为山东海洋学院的第一批工农兵学员，并于 1971 年 3 月入学报到，开启了我以小学知识水平直入大学学习的历程。

工农兵学员间的年龄差别很大，文化程度差距也很大。在大学学习过程中，我越学越觉得自己要恶补的基础知识有很多。随着专业学习的深入，认知海洋的窗口也慢慢打开。特别是在多次教学实践中，我们学生和很多知名教授同吃同住，他们的言谈举止和博学勤奋，让我在心中慢慢勾勒出了海洋科学家的轮廓，我也初步确立了要成为一名物理海洋学家的奋斗目标。而要实现这个目标，必须挑战自我。

如何挑战自我？答案是从弥补自身不足做起。海洋科学是以观测为基础，研究海洋的自然现象、性质及其变化规律的学科。用数学、物理、化学、天文、地理、生物等各基础学科的相关理论与方法研究海洋现象是海洋科学理论研究的基本任务。一名合格的物理海洋学家必须具备坚实的数学与物理基础知识。对我这样中学基础知识严重不足的人而言，第一项挑战是必须在短时间内达到真正意义上的大学生标准。于是，我借助大学毕业留校工作的有利条件，从辅导新一届工农兵学员的数学和物理课程做起。

大家都清楚，一个人要把知识讲授给他人，自己对所讲授知识的理解必须是透彻的；要做到真正意义上的辅导，自己就必须对所辅导的内容真会、真懂。压力变动力，通过对新一届学生的辅导，我系统扎实地掌握了初、高中数学和物理知识。借学校组织留校工作人员“知识回炉”的安排，我重修了大学数学，系统掌握了高等数学、复变函数、实变函数、常微分方程、数学物理方程、概率论与数理统计等物理海洋学所需的数学基础；重修了理论力学、流体力学和热力学等物理海洋学所需的物理基础。经过自身不懈的努力，无论从知识上还是能力上，我均已达到一个真正意义上的优秀大学毕业生的标准。

大学毕业只是通往物理海洋学家道路上的第一个台阶，而要迈上第二个台阶，还要不断提升自己各方面的研究能力，夯实地球科学和海洋科学有关知识，包括但不限于深入系统地掌握有关海洋科学的基本理论、基本知识和基本技能（获取知识的能力），了解和熟悉海洋学科的现状、发展方向和国际前沿（学术鉴别能力），能够独立从事科学研究（科学研究能力），善于通过与其他学科交叉，熟练地解决海洋科学的各种具体问题（学术交流能力），能在海洋科学领域从事创新性研究（学术创新能力），等等。而迈上这个新台阶，最有效的途径是接受研究生教育。

“文化大革命”结束后，国家高等教育逐步回归正常轨道。1979 年，有条件的高校相继开始了研究生招生和培养工作。1980 年，我通过研究生入学考试，进入山东海洋学院海洋气象专业攻读硕士学位，1983 年获海洋气象学硕士学位。1986 年，我又进入物理海洋学专业攻读硕士和博士学位，分别于 1989 和 1992 年获物理海洋学硕士和博士学位。

攻读海洋气象硕士学位期间，我把培养独立科研能力列为努力的重点。为此，在学习过程中，除认真修习必修课程外，我还专攻了风暴潮理论、数值计算方法和有限元数值计算方法，并把超浅海风暴潮联合模型及其实验列为学位论文的主要研究内容，尝试以凝练涡动黏滞系数随水深变化为理论创新点，以计算数学的最新成果——有限元法在海洋动力学数值计算中的应用为方法学创新点。1983 年，我顺利完成硕士学位论文，并以优秀成绩通过论文答辩。

在攻读物理海洋学硕士和博士学位期间，我把拓展知识领域和跟踪物理海洋学科国际前沿列为自己能力培养的重点。在学习物理海洋学、生物海洋学、化学海洋学和地质海洋学等课程的基础上，我重点深入学习了地球物理流体动力学、海洋

吴德星（左五）博士论文答辩会合影

吴德星（前排左二）与他的部分毕业生合影

波动理论、大洋环流理论和热带海洋动力学等课程。20 世纪 80 年代，美国海洋学界开始投入人力和物力对热带太平洋开展观测，随之，热带太平洋海洋动力学成为国际物理海洋学界研究的前沿领域之一。基于观测发现的太平洋赤道区深层急流现象，我把大洋深层局部高能区动力机制确定为我博士学位论文的主要研究内容。通过研究，我建立了浮力振荡驱动赤道深层急流的动力学模型，从理论上证明了连续层化线性海洋系统中浮力驱动与模态系统中水体质量驱动的等价性，阐释了浮力振荡激发海洋波动和波动能量赤道辐聚产生赤道深层急流的动力学机制。物理海洋学硕士和博士研究生阶段的学习和研究，提高了我独立开展创新性研究的能力。

通过海洋气象学和物理海洋学两个学科的研究生教育和科研能力培养，我的学术生涯开始注入新的能量，我的学术能力得到大幅度提升，1992 年晋升为副教授，1995 年晋升为教授，1996 年被聘为博士生导师。

以上所述的两个个例，仅是我在求学过程挑战自我的点滴。比挑战自我和成就自我更艰巨的任务，则寓于“至达者非在天涯而在人心，至久者非在天地而在真情，至善者非在雄心而在贤达”中。

研究过程中的一些感受

科学研究总是始于问题，有的问题源于对一些奇妙现象的好奇心，有的问题源于对“原问题”的再思考，有的问题源于对已有结论的质疑和理性批判，更有大量问题源于助力解决国家亟须解决的“卡脖子”问题的情怀。科学研究的目的是解决问题，解决问题的过程中，创新或创造是永恒的主题。科研工作者对研究过程的感受是丰富多彩的。对我而言，有三种感受颇为深刻。

研究是一个苦中有乐的过程

海洋观测是发现海洋新现象、验证新理论、认识和预测海洋变化的基础。因此，海洋观测是从事海洋研究的一项常规性任务和手段。在海洋科考船上开展海洋观测是海洋观测最主要的工作方式。风平浪静时，在科考船上开展观测很享受；但在高海况等级下，在科考船上开展观测又是一项很辛苦也很危险的工作。在我参加过的多次海洋观测任务中，令我感到最艰苦和最难忘的一次是参加“热带海洋–全球大气耦合响应实验强化观测实验 [Tropical Ocean-Global Atmosphere Coupled Ocean-Atmosphere Response Experiment(TOGA-COARE) Intensive Observing]”。TOGA-COARE 强化观测实验为期三个月，由来自五个国家的 14 艘海洋科考船分工承担。我随中国科学院南海海洋研究所“实验 3”号科考船参加了实验任务。“实验 3”号科考船负责 TOGA-COARE 强化通量观测阵列最东边测位上的观测任务。

三个月的观测中，每月只有一次就近停靠所罗门群岛短暂休整和补给的机会。由于每次补给的淡水和新鲜蔬菜有限，船上的人员又很多，三个月中大部分时间的食物都以罐头为主，淡水使用量控制很严，每天只配给少量的洗刷用水。特别是此站位靠近赤道，气温很高，最热的时候，甲板温度可达 65 °C。白天的观测作业都是在这样的高温环境下完成，非常辛苦。

尽管生活很辛苦，但每当从大气探空、海温和海流观测剖面中发现新现象，并用已有知识尝试解释观测到的新现象时，我还是感觉很愉悦的。当发现观测数据出现突变，并努力查找原因时，我也会感到非常有趣。

三个月的海上观测使我对教科书上“赤道无风带”的定义有了新的认识。按定义，赤道无风带是赤道南北纬 5°间弱风或无风的地带。实际上，观测发现，热带太平洋西风暴发时，赤道附近可发生 6～7 级或更大级别的大风。我们在为期三个月的海上观测期间，就曾经历若干次 6 级及以上的大风。

当然，在这三个月的海上工作、生活过程中，我也欣赏到了许多陆地上永远也看不到的场景：太平洋飞鱼从水中跃起，滑翔一段距离又一头扎入海中的美妙姿态；夜间在聚光灯灯光下，一群群小鱼争

吴德星在科考船上与钓起的鲨鱼合影

先恐后觅食的壮观美景；船员们钓起一条条大鲨鱼时激动的场景；等等。

通过这三个月的海上观测，我自己的科研工作也有了很大的收获，基于本次海洋和大气观测数据发表了三篇研究论文。

研究也是一个不断学习的过程

研究中的学习过程可以是多种形式和多方面的。如我关于日月地引力对海洋作用的研究，其前期就是一个学习的过程。在分析海洋长期观测数据和数值产品数据时，发现海洋运动存在复杂的多重周期现象，其中很多运动现象无法用太阳辐射和风应力变化为外力驱动来解释，也无法用引潮力为驱动力的海洋潮汐现象来解释。要想找到解释这些周期性运动产生的原因和机制，重新审视关于日月地引力对海洋作用的已有研究是非常必要的。而要想达到重新审视的目的，第一步就是学习。

我以海洋潮汐为重点，较系统地研读了有关海洋潮汐不同阶段研究的代表作：牛顿归纳出万有引力定律，以此来解释海洋潮汐现象并提出平衡潮理论的论文；伯努利、欧拉等人对平衡潮理论进一步完善的论文；拉普拉斯关于潮汐动力学理论的论文；其他关于引潮力和引潮势计算和展开以及关于海洋潮汐数值模拟与预报等方面的代表性论文。通过这段学习，我清楚地认识到，海洋潮汐运动仅代表了特定时间尺度上日月地引力驱动的海洋运动现象，要想深入研究日月地引力驱动的海洋运动，就必须脱离海洋潮汐研究的定式思维，跳出现有引潮力和引潮势计算和展开的框架和束缚。

除研究前期需要学习外，在研究过程中也须不断地学习。如我完成国家“863”计划“船载海洋动力环境监测高技术集成与示范系统”研究任务过程中，遇到的最棘手的技术问题是如何最大限度消减船舶航行、摇摆或颠簸过程中所产生的气泡对声学观测仪器所获数据质量的影响。要解决此技术难题，靠我已有的海洋声学知识是远远不够的。故在研究推进中，我经常向海洋声学专家求教，这已成为我研究工作的一部分。再如，我们在研究中发现，船体振动对海洋声学仪器观测数据的质量也有影响。为减少这种影响，我们在设计和研发海洋声学仪器架装平台时，必须考虑减振措施。因此，还必须经常向船舶设

吴德星（前排左一）与同事进行学习讨论

计和建造专家请教船舶减振方面的知识和技术。以上例子说明，研究本身也是一个学习的过程。

研究在不断解决问题中行进

面对世界高技术蓬勃发展，国际竞争日趋激烈的情况，国家于 1986 年 3 月启动实施了“863”计划，该计划旨在提高我国自主创新能力，发挥高技术引领未来发展的先导作用。1986 ～ 2006 年的 20 年间，国家投入了大量的人力和物力来发展海洋观测仪器高技术。然而，从实际效果上看，大批量的研发成果仅停留在实验室阶段，最多能到工程样机阶段，商品化的产品极少。究其原因是缺乏支撑自主研发技术产品规范化海上试验的共享平台。一般而言，一个高技术成果从研发到形成产品，须经“原理样机—工程样机—定型样机—产品”四个阶段。从一个阶段上升到另一个阶段要经若干次海上试验，并在海上试验中不断发现问题和解决问题，当问题全部归零后，才能开始下一阶段的研发。针对国家“863”计划执行中存在的上述问题，2006年，我组织团队申请和承担了“质量控制及规范化海上试验”项目，该项目的主要研究任务是研制国家“863”计划海洋领域海洋仪器设备海上试验的基础性技术支撑平台和规范化海上试验规程及标准，并承接高技术产品的海上试验。

该项目研究有两个大的技术难点，即“技术归零”和“管理归零”。通俗地讲，“技术归零”是确保海洋仪器海上试验中出现的问题是海洋仪器存在的真实问题；“管理归零”是确保海洋仪器海上试验中不同人员间操作试验所产生的误差为零。该项目研究以“东方红2”号海洋科考船为载体，围绕“技术归零”和“管理归零”两大技

吴德星（左一）向其他专家请教

吴德星（站立者）在国家“863”计划“质量控制及规范化海上试验”项目2008航次启航仪式上进行发言

术难点开展了深入研究，最终研发出多功能海洋仪器双竖井集成架装平台和精准观测与比测技术，发明了仪器平稳收放和姿态控制技术与装置，编制出国内首部海洋仪器海上试验标准及规程，构建了规范化海上试验平台和规程体系。以上研究就是在这样一个个问题解决的基础上行进和最终完成的。

国家“863”计划海洋领域研发的80%以上高技术产品是在该技术成果的支撑下完成的，其中50%原理样机跨入工程样机，50%工程样机跨入定型样机，80%定型样机形成产品，一批产品列装或市场化。直到今天，该项目成果在海洋高技术仪器和装备研发过程中仍发挥着重要作用。

相较数学、化学、物理学、天文学等学科，海洋科学是一门年轻的学科。海洋有太多的奥秘需要去研究和探索，有太多的宝藏需要去挖掘，期待有更多青年人加入海洋科学研究的行列。

浪里也风流

物理海洋学家 侍茂崇

科学家简介

侍茂崇教授

侍茂崇，中国海洋大学教授。主要从事物理海洋学教学和研究工作，曾先后担任中国海洋学会副秘书长、中国太平洋历史学会理事、中国标准化委员会委员、南极学术委员会委员、国际海洋遥感学会理事、中国海洋学会科普部主任、广西海洋开发顾问、海南海洋开发设计研究院总工程师、南海海洋调查研究中心总工程师等，参与编写《中国大百科全书》（第一版）、《中国海洋年鉴》等，享受国务院政府特殊津贴，是山东省“科技兴鲁”金质奖章获得者。

侍茂崇教授曾先后承担黄渤海之间水交换研究、北部湾北部赤潮发生与动力环境的相关机制研究、广西沿海风暴潮灾害时空变化规律及增减水监测与预警预报、琼州海峡水交换研究等多项国家自然科学基金研究项目。

结缘海洋科学研究

我出生在农村，从小就学会了做各种农活。我渴望有一条通往外界的大道，就如同今天的公路、铁路一样；我渴望去外面的世界看一看。

童年的我只对两件事情好奇，一是天上的星星，二是脚下的土地。所以高考填报志愿时，我填了南京大学天文系和北京大学地质系。我想要研究天上的星星或者脚下的土地，就是没有想要和水打一辈子交道，因为水对于那时的我不啻于梦魇：每年夏天，山东微山湖的湖水说来就来了，很快通过沂河爬上堤岸；湍急的浊流无情地吞没堤外的一切，几乎是一夜之间，便将那即将到手的高粱没入其中，看得人心惊肉跳。

但是造化弄人，1955 年 8 月 18 日，我正在高粱地里劳动，我的堂弟将一份录取通知书送到我的手里，赫然在目的便是“山东大学海洋系”！乍一看到这个结果，我的心里多少还是有些失落的。但那时思想简单，坚信只要有一个大学上，就能为我的人生提供一个奋斗的舞台；只要努力奋斗，就能有一分热、发一分光。何况当时的我们都在志愿后面写有“服从国家分配”，那是一份神圣的承诺！

青年时期的侍茂崇

第一次海洋见习

入学以后的 1955 年 10 月 3 日，系主任——中国物理海洋学奠基人——赫崇本先生告知我们，当天下午，我们班级全体学生将乘坐中国科学院海洋研究所的小船“海鸥”号在胶州湾内进行见习，到海上去看一看真实的海洋。

下午 2 时，我们准时到达莱阳路上的小码头，鱼贯登上“海鸥”号：这是一艘 20 吨左右的小艇，前有驾驶室，后有甲板，周边有围栏，以防乘员在船只摇晃时滑落水中，唯独没有可以坐下休息的船舱。赫先生和另外两位年轻老师加上我们 23 位见习学生，都站在后甲板和船舷两边。

“海鸥”开始迎风展翅在水面上滑行，在船尾留下一道道粼光闪闪的水波。秋天的阳光如同一朵朵火焰，跳动在涌起的浪尖上。我们迎着扑面而来的海风，吸着略带咸味的水雾，看着远去的岸影，心潮澎湃，有同学还轻轻哼起了歌……在这蓝色的世界里，我们似乎找到了那令人陶醉的欢悦。

且慢！当“海鸥”“飞”到胶州湾口时，那里浪高流急，船体急剧摇晃，海水不时从船舷两边涌上甲板，浪花打湿衣衫，这时所有谈笑声都戛然而止，代之而来的是愕然与惊叫，继之是恶心和呕吐。我的胃也开始翻江倒海，一股股酸水涌上喉头，又被我生生压了回去。我紧紧抓住栏杆，迎着逐渐增强的海风，心中不断告诫自己：不要呕吐，不要第一次出海就被海浪打出原形！

这时，唯一的声音来自赫先生，他一面要我们注意安全，一面指点陆地目标：这是团岛，那是薛家岛，远处波光迷蒙处是大公岛……他的声音从浪花中飘来，恍恍惚惚，成了天籁之声。赫先生一看天气不好，告知船长，船不再向东行驶，原定目标大公岛，看来是去不成了，还是折回湾内为好。看到“海鸥”划了一个优美的弧线，转了 180°折回胶州湾内，我们这批“旱鸭子”就像听到大赦令一般，脸上放出浅浅笑容。

回到学校，大多数人心情归于平静，但是少数人内心涌起更大波涛：海洋怎么这么可怕！一位学弟躺在床上不起，终日以泪洗面，声称：“我是家中独子，要让爸妈知道海洋这样凶险，他们就吓死了。我决不再念海洋这个‘劳什子’（方言，指使人讨厌的事物），回家！回家！”系政治辅导员周桐来劝慰，磨破嘴皮，他就是不听；校青年科科长尹小川来做思想工作，他干脆以被蒙头不予理睬。最后只好让他“卷了铺盖”！另外一位学兄，则声称自己志愿从来就没有报“海洋”，热爱的是绘画，现在“投错胎”，选错行，一定要退学回家，第二年再考。在软磨硬泡下，最终他也如愿以偿。原以为大海能使人变得简单，谁知，大海还能让人产生惊悸，继而发生恐惧，灵魂陷入万劫不复的深渊，这实在是令人始料不及！

我们剩下来的 21 名学生，经过大风大浪的洗礼，成了 1958 年全国海洋大调查的骨干力量，获得奖励，受到表扬，在后来的工作岗位上，成为栋梁。对我们来说，船被漫天波涛包围这样的经历，是一次脱胎换骨的洗礼。

长江口与外国人在一起

浩浩乎长江，既是历史的见证，也是陆地物质的巨大搬运者。它是世界第三长河。每年约有一万亿立方米的水，夹带五亿吨泥沙以及大量溶解物质包括营养盐进入海洋。一年排水量如果集中在东海表层，可使海表面升高一米。巨大的水量和大量的溶解物质造就了富饶的舟山渔场和嵊泗渔场，此外，对黄海、东海的水文、地质、化学都有巨大影响。长江口泥沙搬运过程研究，在世界科学殿堂中都会占据一席之地。

1980 年 5 月 26 日上午 10 时，我们

中国学者在“海洋学家”号上（站立者为侍茂崇）

乘快车前往厦门。美国“海洋学家”号停在那里，我和同事们必须从那里登上他们的船，开始历时一个月的海上生活。

我们的工作内容有三项：一是协助美国科学家释放深海锚系浮标；二是使用温盐深自记仪进行温度、盐度观测；三是使用海流计测量海水流动速度和方向。他们使用的仪器都是当时世界最先进的。温盐深自记仪问世才三年，进口一台要120万，这在当时是天文数字。测流仪器是安德拉海流计，当时也刚刚问世，即使到了今天，仍然是国内使用的热门仪器。而国内当时最先进的测流仪器是印刷海流计，它是利用机械原理记录海水流速的。大小齿轮交错分布，时钟“嗒、嗒、嗒”，印刷“咔、咔、咔”，印刷的机头一上一下起伏，很像油田采油的“磕头机”，看起来煞是复杂有趣。而他们那些电子仪器，用的是印刷电路，一切机械都让位于电脉冲，结构简单，看起来索然无味。但机械的东西最易出毛病，我们带来的六台印刷海流计，经过长途颠簸，其中两台已经“罢工”。我在实验室修理时，引来一群美国“观光者”。

美国科学家想在两个深海锚系浮标上分别挂上三台印刷海流计，历时一个月，与他们的安德拉海流计进行比测。每到预定站位之后，我们齐集后甲板，环仪器而立。第一声哨响，钢丝绳慢慢收紧，温盐深自记仪开始升起，我们将升起的仪器推出舷外。第二声哨响，仪器则缓缓下放。美方科学家率先示范，有条不紊。即使夜晚，在到站之前，大家也一定到甲板，头戴安全帽，身穿救生衣，进行测试工作。如果我们没戴安全帽，美国科学家一定会亲自将帽子给我们戴上。

我对此不解，长期受“一不怕苦，二不怕死”教育的我就对中国同事说，释放仪器推出舷外，除非有陨石从天而降才会打到头部，戴安全帽是多此一举。他们看出我的潜意识，就明确告诉我，温盐深自记仪不会飞起来打你头顶，但是钢丝绳万一断裂，就可能对你造成损伤。头是最重要部位，眼是最易受到伤害的器官。如果你受到伤害，船就要靠岸对你进行救治，调查就要停止，既定计划就不能进行。你看，一顶安全帽关乎全局，究竟是小事还是大事？

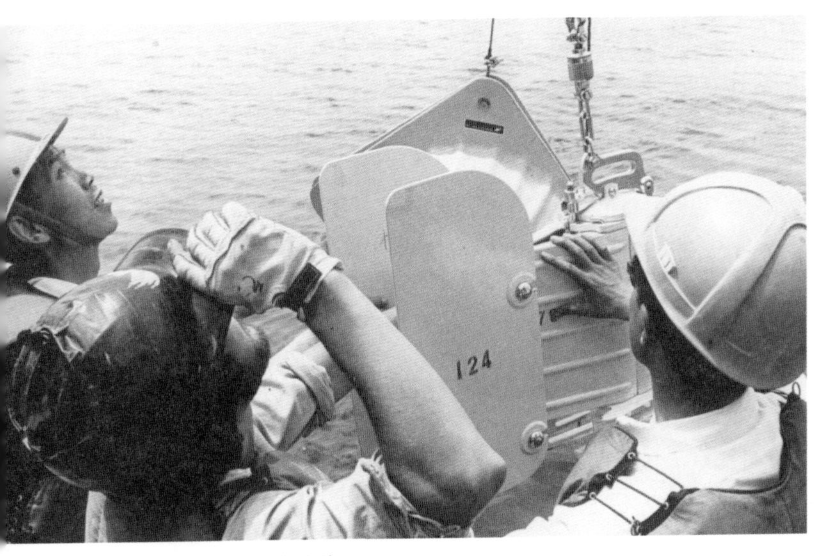

释放国产印刷海流计

黄河口调查突遇飑线，死里逃生

“黄河之水天上来，奔流到海不复回。”黄河母亲辞青、甘，跨宁、内，奔腾于晋、陕之间，破“龙门”而出，横穿华北平原，急奔渤海之滨，矢志入海，九曲而不悔。以她那甘美乳汁，哺育着中华民族子孙万代，繁茂了中华民族。

黄河中游河段流经黄土高原地区，支流带入大量泥沙，使黄河成为世界上含沙量最多的河流。“九曲黄河万里沙”，其总输沙量每年可达 11 亿吨，因此，在入海口的东营市附近，淤积了一马平川的黄河三角洲，总面积约 5000 平方千米，并

东营市黄河入海口

且还以每年 2～3 平方千米的速度向海中扩展。如果把黄河每年所带来的泥沙平铺在黄河三角洲的土地上，可使其地面增高 20 厘米；如果把这些泥沙堆成长堤，三年就可造出一条万里长城！泥沙沉底，使河床不断加高，下游河道已成为名副其实的“天河”。在开封，河底与城里烈士纪念碑的塔尖一样高；在济南，与老城墙顶一样齐。很难想象，万一鼠洞蚁穴为患，溃孔而决长堤，河水从几十米高处瀑流而下，那将会出现什么样的后果！河床抬高，河水入海就不流畅，因此，在黄河三角洲这片土地上，以前每隔七八年河水就要改道一次，以自然或人为方式降低河床高度。

我们的任务，就是要找出稳定黄河流路的办法，同时在黄河三角洲边缘找寻一个合适地点建立黄河大港，以适应日益增加的运输需要。从 1983 年农历正月十五第一脚踏上黄河三角洲开始，直到 1986 年黄河海港从莽莽荒原上拔地而起，我们在河口与大海上度过了一段难忘的岁月。

有一天，中午刚过，海面上有 2～3 级风，天空灰蒙蒙的，像是要下雨，但雨又偏偏下不来，弥漫着一股闷人的潮气。我从那灰蒙蒙的天空和海面不易察觉的长浪中预感到潜在的危机。黄河三角洲海域天气一向任性而乖张，充满破坏欲。为防止发生危险，我首先要求潜水舢板迅速靠岸，尽量找一个潮水沟隐藏起来，然后让六艘调查渔船向我靠拢，以便根据风力大小决定采取何种措施：岸边没有任何可以避风的港湾，离早晨出来的羊角沟港最快也要航行六个小时。这时一阵长浪传了过来，船身剧烈摆动，船首迅速下落上翘。

天阴得很快，低空中有一种奇异的瑰丽色彩。天边乌云滚滚，海平线上又出奇得亮。

风突然增大了，一下增加到 8 级，整个海空都鼓满了风的嚎叫。海上掀起一排排白帽似的浪花，甲板上翻滚着白花花的海水，排水孔也来不及排泄。不一会儿雨就来到，千箭万矢，将整个海面射得满目疮痍，水沫乱飞。人们吸进肺部的是空气、浪花和水雾的混合物。

月球的引力和风力，把所有的海水都倾倒到我们船上。船身不停地摇摆，刚把这一边的积水泼出去，海水又从另一边栏杆上钻进来。船头不时高高翘起，又笔直落入水中。船头的水哗哗地涌向船尾，冲向舵楼的过道，扫过上甲板，又从尾部栏杆上腾越而去。船头上翘下落，就像童年玩的跷跷板，不过可要比跷跷板刺激惊险得多。

我躺在驾驶室的小舱内，身体随着波浪在墙板间撞来碰去。每一个巨浪袭来，船身都咯吱咯吱地发出呻吟。我想到绑在船尾甲板上的仪器和辛苦采来的样品，赶紧趁摇摆中间暂时稳定的空隙，东倒西歪地爬上甲板。

“天气真要命啊，老王！”我叫着船长的名字，指着那被浪打翻在甲板上到处滚动的样品瓶，叫他过来和我一起把瓶子收起来，那可是几天的劳动成果呀！

我指挥船长将船向南驶去，因为我知道黄河口北边有一个烂泥滩，那里可以临时避风。

经过三个多小时的殊死搏斗，我们终于来到这个闻名已久可从未谋面的神奇烂泥滩。这个烂泥滩位于黄河口北缘，平日这里并没有什么特殊的景观：既看不到岸边抗盐碱的芦苇衰草，也看不到黄河口拦门沙构成的浅滩，只有略呈黄色的海水和偶尔飞过的鸥鸟。但是，风浪一来，这里就变成由硕大无朋的大锅中熬出来的“苞米稀饭”。任你波浪再大，传播到这里，也要被这黏稠的“苞米稀饭”吸收殆尽，顿时浪迹全无。尽管头顶上狂风嘶叫，船身却纹丝不动。我站到舵楼上向远处眺望，在这盛满“苞米稀饭”的无涯“大锅”边缘上，围绕着由浪花构成的密密匝匝的白色花环。

一天后，我们回到广利港驻地，才发现那集装箱式的屋顶铁皮已经被大风掀得七零八落，铺在地上的直径五六厘米的碎石也被风旋成一堆又一堆，让我再次感觉到与死亡擦肩而过的惊悸。后来询问东营气象台的工作人员才得知这是一次飑线突发，来得快，去得也快。黄河口是渤海飑线多发区，飑线发生时风力会突然增加到8～9级，还伴有暴雨和冰雹。我们这次遇到的是当时风力最强、延续时间也最长的一次，好在有惊无险，着实令人庆幸。

南大洋历险

1990 年 12 月 2 日上午 10 时，国家海洋局和当地党政军领导及队员家属，顶着凛冽寒风，在青岛港五号码头为“极地”号送行。10 时 50 分，装饰一新的“极地”号解缆离港，满载祖国人民的重托，将远涉重洋，进行为期约四个月的南大洋调查。其航行路线为青岛—台湾海峡—民都洛海峡—苏禄海—苏拉威西海—望加西海峡—龙目海峡—弗里曼特尔—穿越西风带—中山站，全程 19 000 多千米。

“极地”号船领导和临时党委成员在欢送会场（左二为侍茂崇）

“极地”号除去南大洋科学考察的任务之外，还要将越冬物资送到中山站。但是当年冰情非常特殊：中山站附近海域一直坚冰素裹，船根本靠不上去。没有办法，只好借助直升机（临时从附近苏联破冰船借来）帮忙。我们首先找到一块面积大、冰面坚硬、距中山站最近的浮冰靠上去。我们十多个人穿上救生衣，蹬上长筒雨靴，顺着舷梯下到冰面上，然后用大网袋将要从船上吊放到冰上的物资装好，等直升机飞临。开始我觉得冰上的雪很坚硬，但仔细一看，吓了一跳，原来这些“坚冰”是雪的堆积物，在 1～2 米深的白雪下面，竟是些碎冰块构成的底座，其直径从几十厘米到几米不等。由于南极夏季温度升高，这些“冰砾石”已发黄变红，雪只是充当它们之间的“黏合剂”罢了，能承受的压

中山站全景

力非常有限，怎不令人心惊胆战？要知道，在这松软的雪盖下面便是深达800米的海水，一旦冰面破碎，后果不堪设想。

直升机终于来了。那震耳欲聋的轰鸣声，叫人既新奇又烦躁；螺旋桨掀起的7～8级大风，搞得雪粒漫天飞舞，使人站不稳脚，睁不开眼。我们把身体紧贴在雪面外，匍匐向物资堆放点接近。为了安全和争取时间，飞机做不着陆悬空飞行，吊运的动作要快速、准确。当飞机悬在网袋上空三米高处时，大家随即一跃而起，冲到机翼下端，迅速把网袋口上的提手挂在飞机垂下来的挂钩上。这一切都是在几分钟内完成的。当我们重新趴下时，飞机已“拎”着东西往中山站方向飞去了。

一切又恢复到原有的平静。我们一边掸掉身上的残雪，一边观察四周，发现情况不妙：直升机掀起的大风，刮走了我们的救生衣，还将大片相连的冰块吹开，我们脚下的这块冰，直径100多米，孤零零地靠在船边。更糟糕的是，约一吨重的发电机下面的冰面出现了裂缝，而且发动机底座正骑在这条裂缝上。我们顾不得喘息，趁直升机返航之前，立即配合船上的吊车，连推带拉，把发电机运到了安全的地方。

当直升机运完最后一趟物资时，那条

南极风光

冰缝已变成不可逾越的鸿沟，我们脚下的雪盖也只有几十米宽了。由“冰砾石”构成的底座已开始松动，边缘在不断塌陷，原本坚固的冰面现在松得像团棉花。我一脚踩上，突然陷入齐腰深的冰雪中。我试图自己摆脱困境，不但没有成功，反而把脚上的雨靴丢了，如果不是周围队员的奋力救助，我的身子就会顺着这个窟窿一直滑下去。这时，船长要我们保持镇静，迅速登船，我们再也不敢直立行走，学着企鹅在冰面上滑行的姿势爬到船边，抓住船上早已伸出的吊车吊钩，回到了船上。

可是，中山站最重要的越冬物资——油料，却是不能靠直升机运输的。有了油料，才能在零下 30 ℃的极夜里得到光和热。若油料送不上去，中山站的越冬人员就要全部撤离，中山站就要关闭，这是人人都不愿见到的后果。而要把油料送上去，谈何容易！要先把大船贮油舱中的油泵入“极地”号小艇中，小艇靠岸后，再用管子将油泵入岸边的储油罐中。现在岸边还有近 2000 米宽的固定冰，大船都进不去，何况是才几吨重的小艇。

多亏船长急中生智，从澳大利亚戴维斯站借来了 1000 米长的粗硬的塑料输油管，准备发起向岸上输油的攻坚战。

1991 年 1 月 18 日是最关键的一天。“极地”号再次冲入冰区，撕开了一道裂缝，露出了一线水面。距岸边还有 700 米时，船上的输油管像黑龙一样，从几十个人的肩头上缓缓地伸向冰面。大副带着一部分船员和考察队员下到冰面上。他们扛着在冰缝上架桥用的木板，手里拿着探路用的竹竿，越过一道道冰缝，抬着输油管不断向岸边延伸。有的船员和考察队员落水了，人们立即从冰水中把他们救上来，又换上另一些人接替他们的工作。船长站在驾驶台上，通过高音喇叭和报话机，指挥着这一切。这片海区地形复杂，派人开测深仪监视；冰山逼近了，船只加速冲过去；落水的人获救后，派医生进行看护；在冰上抬输油管的人一律穿上潜水衣！大家勇往直前，决心要在上午 12 时前将油料送上中山站。

上午 11 时，油料终于通过长长的输油管，汩汩地流入陆地上的储油罐中。冰原上响起了一片欢呼声。苏联南极站上的工作人员目睹了这一切，连声地说：“你们创造了奇迹！”很快，北京来电了，对我们输油任务的成功完成表示了最热烈的祝贺。

中国香港著名记者李乐诗女士对输油现场的素描

无专精则不能成，无涉猎则不能通

水产育种和海水健康养殖专家 王清印

科学家简介

王清印研究员

王清印，毕业于山东海洋学院（现中国海洋大学），师从海洋生物遗传学家、我国海洋生物遗传学和育种学的奠基人方宗熙教授。先后担任农业部海洋渔业可持续发展重点实验室主任，中国水产科学研究院黄海水产研究所研究员、博士生导师、所长，中国水产学会理事长，等等。

一直从事海水养殖生物的遗传育种、海水健康养殖等研究工作，致力于我国水产育种和海水健康养殖新理论、新技术的研究和推广应用。在中国对虾育种和产业化研究方面取得突出成绩，培育出中国对虾“黄海”系列新品种并实现产业化，带动了多种水产动物育种研究的发展。

主持的“中国对虾‘黄海1号’新品种及其健康养殖技术体系”研究成果获2007年度国家技术发明二等奖，其他研究成果获省、部级科技奖励十余项。发表论文、报告300余篇，主编《水产生物育种理论与实践》《中国水产生物种质资源与利用》及“中国海水养殖科技进展”系列丛书等20余部。获全国优秀科技工作者、农业部有突出贡献中青年专家、山东省先进工作者、光华工程科技奖、庆祝中华人民共和国成立70周年纪念章、青岛市突出贡献奖等多项荣誉称号或奖励。曾作为优秀留学回国人才代表参加了新中国成立60周年国庆观礼，享受国务院政府特殊津贴。

结缘海洋科学研究

其实说起来，我之所以走上海洋科学研究这条道路，除了我自身的努力之外，机缘也占了很大的成分。

我出生在一个普通的农民家庭，16岁初中毕业就回家当了农民。后来又应征入伍，当了四年兵。那时候我能吃苦，肯学习，严格服从纪律，因此在部队上一直表现很优秀。等到退伍回乡，由于表现优秀，我被当地人民公社选拔为家乡大队的民兵连长。两年后，我有幸被推荐到山东海洋学院（现中国海洋大学）上大学，自此便开始了我与海大、与海洋生物密切相关的科研人生。

那时候的校园生活朴实而安静，没有网络和手机，没有那么多娱乐活动，这样的环境也能促使我更加心无旁骛地投入学习。在众多的课程中，我最喜欢生物化学和遗传学。也许是我在这方面比较努力，我可以完整地画出20多种氨基酸的分子式和各种生化反应示意图，生物化学考试经常考满分。也许是我对这两门课程的热爱，再加上我的勤奋用功，在1978年国家恢复研究生招生那一年，我成为少数几个考中本校研究生的学生之一。

在研究生期间，我师从方宗熙教授，学习海洋生物遗传专业，重点研究海带的数量性状遗传。我的老师方先生文笔很好，遣词造句都非常严谨准确。我也受到了方先生的影响，养成了严谨的好习惯，这个习惯一直延续至今，使我受益终生。我经常对我的研究生说："做研究更要注重实验过程的严谨，像我们做生命科学研究的，是一环扣一环的，逻辑性很强，中间每一个环节都要注重证据，不能含糊。有一点含糊，整个研究就会出现问题，所以无论哪一步都需要精准和严谨。"

1982年我研究生毕业后，被分配到了中国水产科学研究院黄海水产研究所。1985年，原副所长杨丛海研究员组建对虾遗传育种组。我有海洋生物遗传的专业背景，于是被调入该课题组，由此便开始了我与对虾的不解之缘。

当时对虾遗传育种的生物学研究还不成熟，这方面的文献资料和实验技术设备

大学时期的王清印

都非常欠缺，都是靠我们一步步摸索出来的。在研究对虾的过程中，我逐渐感受到这里面蕴含的无穷知识，越钻研就越觉得奥妙无穷，这一研究就是 30 多年。

我始终坚信，做好科研必须要倾注一个人全部的精力和智慧，而且一投入就是一辈子。现在很多年轻人都会犯“小猫钓鱼”式的错误，兴趣太广泛，容易浮躁。只有一心一意、专心致志，才有可能做出成就。如今社会进步很快，生活节奏也很快，有人说这样会让年轻人变得浮躁。但是我认为，如何作为取决于自己，没有必要对所有事物都了解，只要能专心做好某方面的事情，就可以在社会上立足。这就是我一辈子研究对虾总结出来的心得，愿与大家共勉。

在研究对虾的过程中，有许多令我难以忘怀的经历和故事。在这里我分享两个小故事，一是希望大家对对虾有更多的了解，二是希望这两个故事对大家的学习、工作和生活有所启发和帮助。

探索对虾受精的秘密

中国对虾（又称中国明对虾）是自然分布于渤海和黄海的一种暖温性虾类，生活环境决定了在其短短一年的生命周期中要经历一次往返长达 2000 千米的洄游。每年 3 月中旬以后，随着天气转暖，水温升高，在黄海中南部越冬的对虾种群开始向北洄游，陆续到达山东和辽宁沿海，在这里完成产卵、孵化、变态、生长及长成的各个阶段，这个过程称为生殖洄游。到 11 月中下旬，天气转冷，水温下降到 12 ℃左右，已长成的对虾开始成群结队从渤海游向黄海中南部海区越冬，这个过程称为

对虾生活史示意图（引自邓景耀）

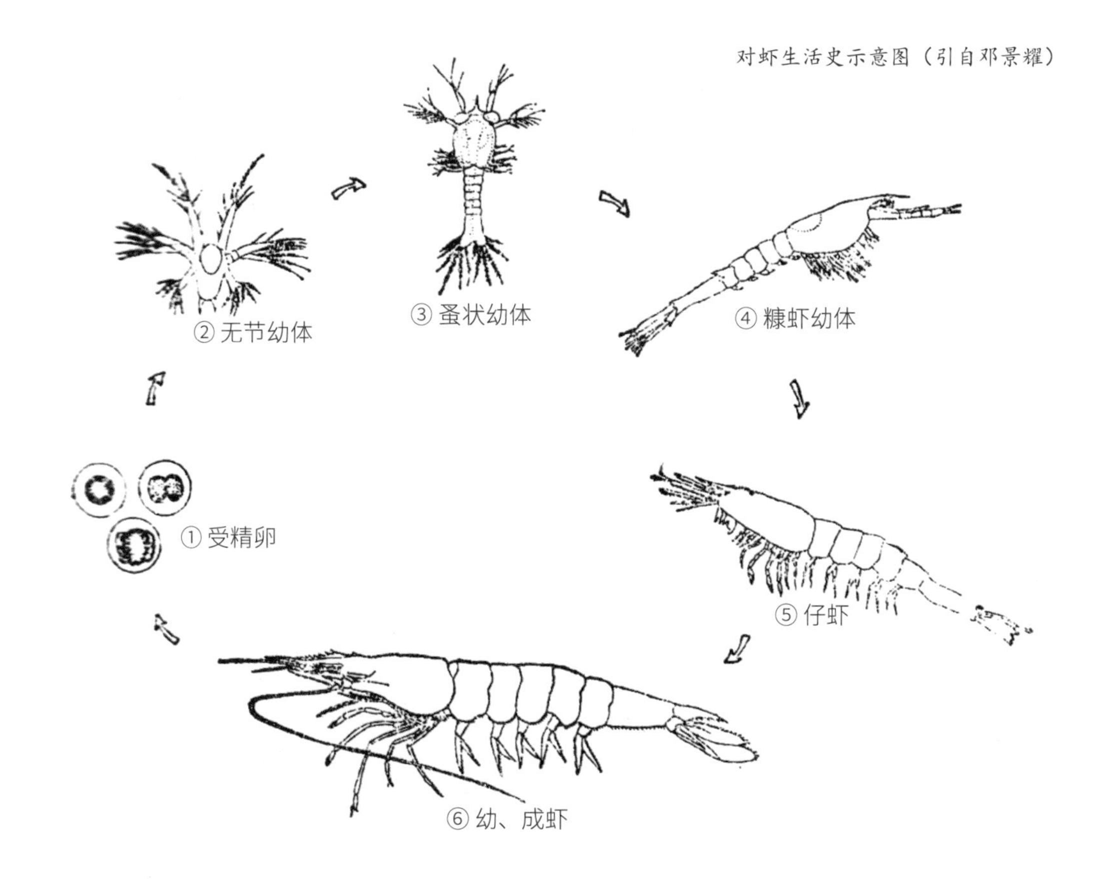

越冬洄游。在越冬洄游之前，雌虾完成最后一次蜕皮并与雄虾交配。交配时，雄虾把精荚输入雌虾的纳精囊中，这个过程称为授精（insemination）。

来自雄虾的精荚保存在雌虾的纳精囊中长达半年之久，直到翌年 4 ～ 5 月雌虾产卵时，精子才与卵子同时排出。精子与卵子在水中相遇，完成一系列复杂反应，精子的细胞核进入卵子并与卵子的细胞核结合，这个过程称为受精 (fertilization)。受精是繁殖和发育生物学的重要研究内容，是人工操控生殖过程进而开展育种等研究所必不可少的基础。20 世纪 80 年代后期，我们实验室开始着手这方面的探索，但苦于研究手段和设备条件的限制，进展一直不太理想。

1993 年年初，我获得公费赴美国开展合作研究的机会，去位于美国东海岸查尔斯顿的南卡罗来纳州渔业资源研究所，在该所的瓦德尔海水养殖研究发展中心和 Craig Browdy 博士（曾任世界水产养殖学会主席）合作研究对虾的繁殖和发育生物学。研究的材料是凡纳滨对虾，中国称之为南美白对虾。这种对虾是美洲的“土著种”，和中国对虾同科不同属。它的雌虾纳精囊是开放式的，只在产卵前的当天，雌虾才与雄虾交配，但其他生物学过程，如受精、孵化、幼体变态和生长等和中国对虾类似。

研究受精过程，最直观的方法是通过显微镜观察。但问题是，当我们发现对虾开始产卵，马上把刚产出的卵子收集起来置于显微镜下观察时，看到的是正在发生皮层反应的受精卵。此时有机会与卵子受精的精子早已进入卵子，不能进入卵子的精子已被皮层反应产生的胶质棒推离卵子细胞表面。也就是说，这个方法观察不到精子的入卵过程，来不及操作。

我们也曾采用先固定再观察的方法，即在对虾产卵的同时取样，用戊二醛或其他固定液将不同反应阶段的卵子固定，再置于显微镜下观察。这种方法可以观察到精子入卵后的细胞学变化，但也看不到精卵相遇瞬间发生的一系列反应。

我们还曾设想把受精早期的对虾卵子包埋在石蜡中，通过切片来寻找受精过程的蛛丝马迹。讨论的结果是这样做无疑是大海捞针，获得恰到好处的切片材料的概率太低，也只好放弃。

怎样才能观察到精子和卵子相遇瞬间的图像并揭示受精过程的秘密呢？

我们对受精过程进行了详细的理论分析。涉及这个过程的主要对象一是卵子，二是精子，而激活是受精的前提条件，需要搞清的是卵子和精子在受精过程中各自的激活反应及其交互作用。刚刚产出的对虾卵子呈不规则球形，遇到海水以后，受海水中镁离子的激活开始皮层反应，放出皮质棒，形成围卵膜，这个过程与是否受精无关。换言之，没有精子的激活，只要与海水接触，卵子就会激活并诱发皮层反应。而精子的激活则是另一种情况。

对虾的精子是无鞭毛不动精子，没有游泳能力。把采集的精子置于显微镜下，

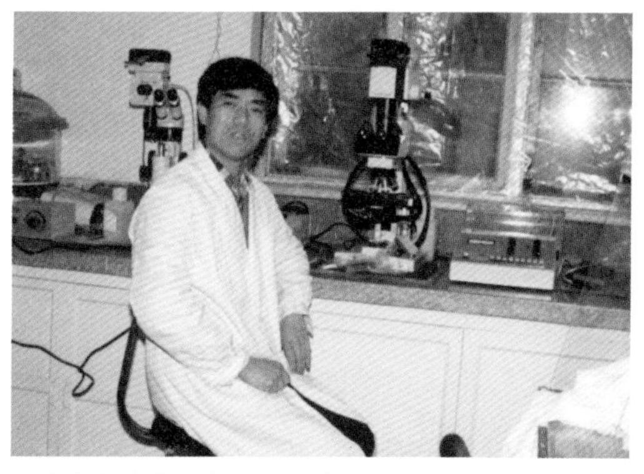

硕士期间在实验室里的王清印

滴加新鲜海水，观察不到精子的顶体反应，说明海水不能激活精子。观察显示，对虾产卵时通常呈游泳状态。对虾在排出卵子的同时释放精子，游泳足的快速划动带动水流，精子便随水流与卵子相遇。

那么精子的激活靠什么呢？分析受精过程，可以确认精子是在与卵子接触的瞬间被激活的，这种激活的物质可能来源于卵子。

通过查找文献，我们得知这种物质可能是一种糖蛋白，是随被激活的卵子从皮质棒释放到海水中的。精子在与卵子相遇的瞬间受到这种糖蛋白的激活，从而启动与卵子的受精过程。

为了验证上述假设，我们把正在产卵的对虾从水族箱中快速捞出，让它把卵产在盛有海水的玻璃烧杯中，轻轻摇动，完成皮层反应，卵子在被激活的过程中排出的物质就留在了烧杯中的海水里。

我们把烧杯中含有卵子产出物质的海水称为“卵水”，激活精子的实验就使用“卵水”来诱导，并用来观察精子在与卵子接触时的激活反应。结果表明，精子在接触“卵水”的瞬间即发生激活，棘突收

缩并脱落，位于精子主体部的细胞核从棘突脱落处借胞吐作用被释放。结合细胞学观察结果，可知精子细胞核经胞吐作用穿过卵黄膜进入卵子。随着卵子激活反应的演进，入卵后的精原核和卵原核逐步靠拢并联合，并由此启动受精卵的发育。

至此，我们终于成功观察并揭示了对虾受精过程的秘密，为后续探究人工操控生殖过程，进而开展育种等研究工作奠定了基础。

科学研究就是在这种坚持不懈、不断探索、大胆假设、小心求证的过程中不断向真理迈进的。

“黄海 1 号”中国对虾新品种的选育

我国渔业主管部门统计的对虾人工养殖产量始于 1977 年，当年的产量是 74 吨。1978 年，这个记录是 450 吨。到 1986 年，我国对虾养殖产量达到 8.28 万吨。1991 年更是达到创纪录的 21.95 万吨，占世界对虾养殖产量的三分之一。这一时期，在人工培育苗种数量和养殖产量两个方面，我国都处于世界领先地位。但“福兮，祸之所伏”，快速的发展潜伏着巨大的风险。1993 年，最初始于台湾和福建南部的对虾白斑综合症开始席卷沿海对虾养殖区，养殖产量直线下降，对虾养殖业一片哀鸿。产业发展何去何从，是摆在政府主管部门和科研及养殖业界面前的一大挑战。

新品种培育被认为是减轻或摆脱病害侵扰的有效途径之一。选择育种是最基本、最常用的新品种培育手段，在其他育种手段尚不具备或不够成熟的情况下，选择育种往往被列为优先选项。

中国对虾的野生种群经过自然环境的长期选择，其遗传基础是野生型的，性状的变异广泛存在。20 世纪 80 年代中后期，我们课题组在太平角试验场开展对虾育种实验及帮助育苗场转运亲虾（在这里指用作繁殖虾苗的已达到性成熟的雌、雄对虾），每年春天经手的亲虾都有数千条乃至上万条。亲虾最大个体的体长可达 23 厘米，而最小的只有 13 厘米。在对虾育苗期间多次观察到，通常 20 天左右的育苗期，绝大部分幼体在 P7（即仔虾第 7 天，通常认为是虾苗出售的合适日龄）时的体长都在 0.7 厘米左右，但总有个别虾苗的体长达到 1.5 厘米左右。在感染对虾白斑综合症的养殖池中，绝大部分对虾因病死亡，总有部分个体可存活下来。这些事例都说明中国对虾个体之间的差异相当大，这为开展选择育种提供了重要的理论和物质基础。

我们对中国对虾的人工选育始于 1996 年。从捕捞自黄海的野生中国对虾种群中选择健壮的大个体亲虾构建育种的基础群体，以生长快作为选育的主要目标。采用群体选育和家系选育相结合的技术路线，好中选好，优中选优。在选育过程中，每个选育世代都分冬、春两次进行选择。每年 10 月，从养殖的数十万尾选育对虾群体中挑选个体大、活力强、无外伤、无病征的雌、雄对虾，在实验池中自然交尾；再从中选择 5000 尾左右留作种虾，在室内水泥池中进行人工越冬。

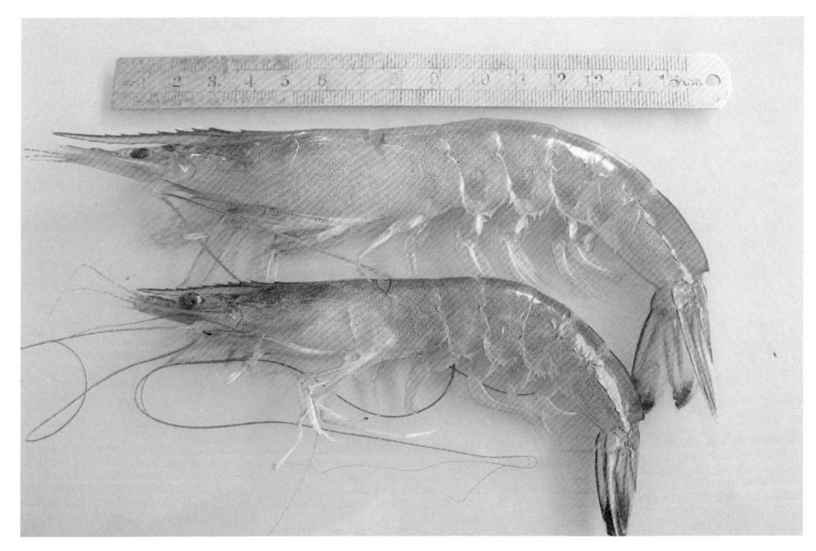

“黄海 1 号”中国对虾

到翌年 3 月，再从中挑选 500 ～ 1000 尾作为产卵亲虾，用于繁育下一代。总体选育强度控制在 1% ～ 3%。对冬季初选的亲虾进行体长测量并记录，用于统计每代的选育结果。应用对虾白斑综合症病毒（WSSV）核酸探针点杂交检测试剂盒对产卵亲虾进行 WSSV 检测，WSSV 检测呈阴性的个体用于苗种培育，检测显示阳性的即行销毁，确保选育群体的无特定病原状态。经过连续七代的选育，到 2003 年，选育群体的综合性状有了显著提高。现场随机取样验收结果表明，与未经选育的对照群体相比，选育群体的平均生物学体长（从眼柄基部到尾尖的长度）提高了 8.40%，平均体重增长了 26.86%。在日照、胶南、即墨等多地试验养殖，增产幅度都在 15% 以上，养殖成功率在 90% 以上。而且我们在选育期间建立了一套适用于高产卵量水产生物的选择育种技术，采用生理、生化和随机扩增多态性 DNA 标记（RAPD）、简单重复序列（SSR）、扩增酶切片段多态性（AFLP）等多种分子生物学技术跟踪选育群体的遗传变异，分析选育过程对群体遗传结构的影响，科学评估选择对每代选育群体的效应，及时制定相应的技术措施，保证了育种工作的顺利实施。

“黄海 1 号”验收

“黄海 1 号”是我国养殖对虾的第一个人工选育新品种，也是我国第一个经过国家水产原种和良种审定委员会审定的海水养殖动物新品种，被农业部推荐为水产养殖主推品种。“黄海 1 号”的选育成功和推广养殖，有力推进了我国对虾养殖的良种化进程。在此基础上，我们又相继培育出生长速度快、成活率高、抗病能力强的“黄海 2 号”，以及生长速度快、抗氨氮能力强、发病率低的“黄海 3 号”等新品种。“黄海”系列中国对虾新品种在我国北方沿海的推广养殖，产生了良好的经济效益和社会效益，由此建立的技术体系为多种水产动物的育种研究提供了技术支撑。

向海洋进军，铸强国重器

海洋资料浮标技术专家 王军成

科学家简介

王军成，山东省科学院二级研究员，博士生导师，海洋环境监测技术专家。现任国家海洋监测设备工程技术研究中心主任、齐鲁工业大学（山东省科学院）学术委员会主任。享受国务院政府特殊津贴，被评为全国优秀科技工作者、山东省泰山学者攀登计划专家、山东省优秀创新团队带头人、山东省有突出贡献的中青年专家、山东省优秀专业技术人员（十佳），以及国际人类自然生态与安全科学院院士，获俄罗斯社会生态保护“圣坦卡勋章”和乌克兰科学院“骑士勋章”。

王军成研究员从事海洋环境监测技术与装备研究40余年，主持了我国大型海洋资料浮标系统的研制工作，带领团队突破了海洋资料浮标系统关键技术，构建了我国海洋动力环境浮标监测技术理论和海洋资料浮标技术体系，指导形成了海洋监测浮标技术标准，实现了海洋资料浮标系列化装备。研究成果支撑了我国“海洋资料浮标网”及“海洋气象浮标网”的业务化运行，在我国海洋环境预报、海洋防灾减灾、海洋环境保护、海洋资源开发、海洋科学研究、海洋权益维护等方面发挥了重大作用。获国家科技进步二等奖两项，全国创新争先奖一项，光华工程科技奖一项，山东省科学技术最高奖一项，省、部级科技进步一等奖两项等科技奖励。

结缘海洋科学研究

说起来，从事海洋科学相关研究完全是我自己的选择。

我毕业于哈尔滨工业大学无线通信技术专业，这个专业似乎跟海洋科学研究风马牛不相及。我本该可以到国防工委和“国”字头信息通信类相关科研机构工作，但是有两个原因使我放弃了这份工作。一个是 20 世纪 70 年代末，经历“文化大革命”后，中国的海洋事业重新开始，当时海洋仪器装备和海洋监测技术方面的基础很差，国家急需这方面的人才。为了满足国家这方面的应用需求，我考虑再三，终于还是决定暂时放弃自己所学的专业（而后来的经历证明我在大学的专业基础还是帮了我海洋研究的大忙），投身到海洋事业中，靠自己的努力踏出属于自己的海洋研究之路。还有一个是我个人方面的原因。我从小就生活在海滨城市，对大海有一种莫名的喜欢和亲切，也渴望以后可以从事与大海有关的工作，而且去青岛做海洋研究离老家也近，作为家中的独子可以更好地孝敬和照顾老人。

就读哈尔滨工业大学时期的王军成

现在回想起来，对一个刚毕业的大学生来说，选择一个陌生的领域去工作，确实需要极大的勇气，因为它几乎相当于舍弃了几年的所学，一切都要从头开始。好在我的父母比较开明，母亲一直教育我“国家为大，公事在先”，她认为自己做什么工作不重要，只要能为国家做贡献，能急国家之所急，即使以后收入少一些也没关系。我也很赞成母亲的观点，于是毅然决然地走上了海洋科研之路。而且我在大学期间也时常关注国际海洋界的先进技术动向，因而面临毕业选择时能够迅速地将对外界知识的分析判断转化为自己从事海洋工作方向的选择，不至于毕业以后对海洋科研领域一头雾水，无所适从。这极大地缩短了我适应海洋科研的过程，让我能够很快地投入海洋科学研究当中。

当时美国、英国等发达国家在海洋浮标技术研究领域处于世界前列，美国在20世纪80年代就已经研发成功了不同系列的海洋监测浮标并初步建成了国家海洋监测浮标网。要认识海洋、开发海洋、利用海洋，必须具有海洋浮标监测网提供的数据资料支撑。我学习的无线通信技术本身也与海洋仪器装备研究有着千丝万缕的联系，浮标的数据采集与传输都离不开通信，这也相当于我的专业知识能够派上用场，不至于研究海洋科学的时候两眼一摸黑。因而从专业的角度，我选择了到当时的山东省科学院海洋仪器仪表研究所参加工作，从事浮标与岸边数据接收站的无线通信技术研究，从我所学的专业入手，从

山东省科学院海洋仪器仪表研究所原址

王军成在“向阳红”10号船上安装浮标数据接收天线

此便开始了我的海洋科研之路。

这之后几十年，我一直没偏离海洋浮标技术研究领域，在浮标这条道路上越走越远，对它的热爱也日益强烈。我甚至有些庆幸自己当初的选择，正是当初那个不被外人理解的选择成就了我，让我在自己最喜欢的领域工作。

在海洋科研的道路上，有许多让我终生难忘的经历，它们就像是色彩斑驳的电影，记录着一个个鲜活的故事，正是这许许多多的故事让我的科研之路不再枯燥乏味。有时候这些“电影”会在我脑海中一遍遍回放，它们是如此清晰，仿佛又让我亲身经历了一遍似的，有惊心动魄，有苦不堪言，有乐在其中，也有热泪盈眶。在这里，我选取两段经历分享给大家，希望对大家有所启发。不管各位从事什么工作，都要不忘初心，迎难而上，不畏艰难，砥砺前行。

与死神擦肩而过

20 世纪 70 年代，我国的大型海洋资料浮标研究刚刚起步，技术方面并不成熟，很多时候都是摸索着前进，所以就需要大量的海上试验检验浮标性能。比起国外已经相对成熟的技术，我们只有不断地实践、不断地试验才能加快研究的脚步，缩短与国外的差距。当时因为技术不成熟，有时候设备可能三四个月就会出现一次故障，每次出现故障就需要及时登上浮标，进入浮标的仪器舱中进行检修，否则就会影响研究任务进度。即使碰上大风大浪这种恶劣天气也得硬着头皮出海，片刻不能耽误。记忆中，有一次海上检修浮标的经历让我终生难忘。

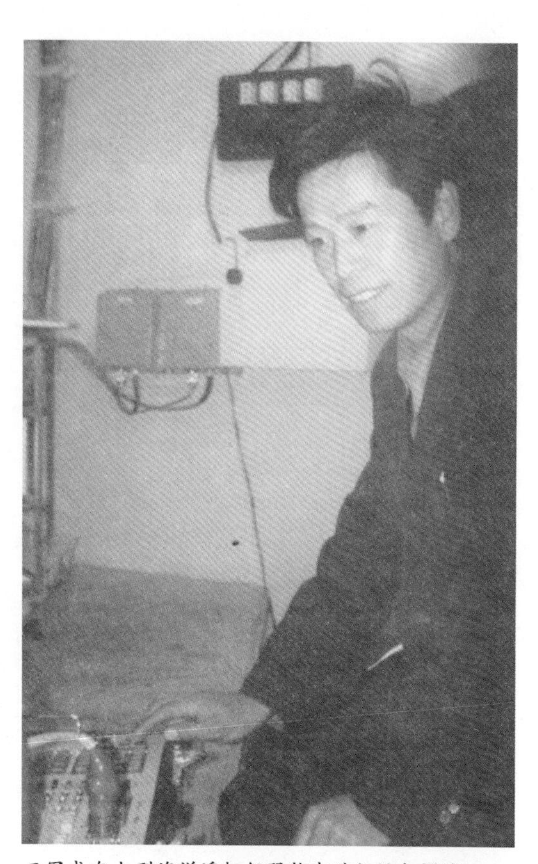

王军成在大型海洋浮标仪器舱内进行设备调试

那是在 1992 年夏天，台湾海峡北部海域一个浮标站出现了故障，我和同事袁新等人像往常一样登上浮标进行检修作业。那天风很大，一直不停地刮，海浪高达三米，茫茫大海上起伏的波浪上冒着许多白沫，浮标在海上摇摇欲坠，像是无根的浮萍。我们几个人趁着风浪较小的间隙从船的舷梯跳上浮标，然后就在左摇右摆的浮标上进行紧急检修，整个人也摇摇晃晃的，就像喝醉了酒一样无法站稳。大家要知道，检修工作需要在相对稳定的环境中进行。那天的天气实在太恶劣，别说检修了，我们光是站稳就要耗费掉极大的体力。我们借助一切可以借助的东西站稳脚跟，在极度晕眩、大幅摇晃的情况下勉强进行检修。

只要风浪不停，这种状态就得一直持续。我们好多时候都是边吐边修，最后吐得肚子里啥也没有了，而且还没法喝水，尽管感觉当时身体已经处于极度缺水状态。就这样，我们整整坚持工作了四个小时才检修完成。检修完的那一刻，我们几乎是瘫坐在浮标甲板上面，不停地呕吐着酸水，浑身没有一点力气，只觉得一阵风就能把我们刮到海里去。

我们本以为检修完就没事了，谁知道海上的风浪越来越大，呈愈演愈烈之势，浪高甚至达到了四米。当时我也是第一次

王军成等人在布放于黄海海域的大型海洋资料浮标甲板上工作

见。我们望着那宛如城墙般的海浪，不由得脸色苍白，感觉就像世界末日来临一样。大自然的威力让我们深深感觉到了人类的渺小。当时脑海里来不及多想，船长催促着我们赶紧返回船上。同事袁新看准摇晃的浮标甲板与船甲板将要平齐靠近的时机，一个箭步从浮标跳起扑向船甲板。由于当时的海况恶劣，加上体力不支，他只有上半身落到了船甲板上，而脚却没碰到船的甲板。就这样，他的身体悬挂在了即将碰撞的浮标与船之间，在这千钧一发之际，船上的人赶紧抓住袁新，将他成功地拖到了船甲板上。

由于波涛翻滚，摇摆的浮标和船相互碰撞剧烈，落差很大，从浮标回到船上会非常危险，稍有不慎可能就会掉入海中或被其挤压碰撞，情况万分危急。当时船长经验比较丰富，在迫不得已之下，他只好要求我们套上救生圈跳入海中，然后用绳子把我们拖到船上。这个方法并不是十分稳妥，因为一旦跳进海中，变数太多，情况难以预料，可在那种情形下已经是最好的办法了。我当时来不及多想，当机立断，选择相信船长，毫不犹豫地套上救生圈，跳入海中。冰冷的海水令我不由打了个冷战，海水不停地灌入嘴里，耳边狂风呼号，还夹杂着船长急切的呼喊声，身边海浪肆虐，我感觉随时会被无情的海水吞没。那时那刻，我就像沧海中的一粟。船长急忙扔下绳子，在我们抓住后便招呼船上的人一齐用力把我们拉上船。那短短几十米的距离仿佛有几千米那么长，我只能死死地抓住绳子，纯粹靠着一股本能在坚持。

好在有惊无险。我被拉上船后全身颤抖着，大口喘着粗气，和同事们相视一笑，真有种劫后余生的感觉。

这是我离死神最近的一次，以后的工作中虽然也有过一些危险状况，但是都没有这次来得如此强烈，我一辈子也忘不了。当时那惊险的一幕被同事用相机记录了下来，每当看到这几张照片，都会回想起当时那惊险万分的瞬间，不禁感慨万千。

虽然从事海洋事业无可避免会受到风吹浪打的考验，甚至会遇到生命危险，但是我从来没有选择放弃和逃避，即使在最艰难的情况下也全力以赴地把工作完成，因为国家和人民信任我。在国家亟须建设海洋资料浮标网的情况下，研制出工作可

王军成检修浮标后准备套上救生圈跳入海中

王军成在海中被船上的人用绳子拖拽向船

靠、技术先进的浮标是我义不容辞的责任，即使工作再艰苦再危险我也无怨无悔。好在上天还是眷顾我的，每一次都有惊无险，每一次都化险为夷。这样的生活逐渐让我习以为常，成为我日常海洋科研工作的一部分。

奥运扬眉

2008年北京奥运会，是中国举办的第一次奥运会。这届举世瞩目的奥运会来之不易，中国人心里都憋着一股气，都要力争做到最好。奥运会的帆船比赛项目定在青岛附近海域举行。当时比赛要求每10分钟就要把海上的气象变化数据传输到运动员佩戴的接收器上，因为运动员需要知道每分钟海上的风速、风向和气压变化等信息来不断调整适应比赛的环境，利用环境因素使自己的成绩达到最佳。而这些信息的收集就需要在海上放置浮标设备，通过浮标设备来采集风速、风向和气压变化等海洋气象环境参数。

2007年，奥委会决定对浮标设备进行招标。因为当时国外的浮标技术比较先进，因此最初的时候，奥委会决定选择使用由挪威研制的处于世界先进水平的浮标设备。设备到位后进行海上试用，结果只运行了半年就坏了两次，而且维修非常不便，难以及时处理，一旦在比赛中出现故障再进行检修，那肯定会影响比赛的正常进行。因此，这种浮标设备是无法应用于比赛的，更何况这是举世瞩目的奥运比赛。于是，奥委会紧急决定征用我国自主研发的浮标。

其实，当时我国的浮标技术已然成熟，自主研发的浮标设备不比任何一个国家差，只是没有展示的机会，名声不显，不被外人知晓。

在多家竞争者中，我们团队研制的浮标设备脱颖而出，奥委会终于决定使用我们研发的浮标，当时我欣喜若狂。这不仅仅是对我们研究成果的肯定，更重要的是彰显了我们国家的研发水平，证明我们国家完全有能力研制出质量一流、性能优良的浮标设备；这也意味着我国的海洋浮标技术进入了新的阶段，打破了长期以来国产浮标无法比肩国外浮标的状况；这对于我们国家海洋浮标技术的发展具有重要意义，也是对外展示我国海洋科学技术水平

布放于青岛奥运会帆船赛海域的小型海洋气象浮标

的一次绝好机会。因此我们紧紧抓住这个机会，整个团队齐心协力，决心做到稳妥可靠，万无一失。

在 2007 年夏天我们就把浮标布好，并反复做了各项性能试验，确认没有问题。浮标在接下来的半年时间里没有出现一点故障，在 2008 年奥帆赛期间顺利完成了海洋气象环境监测任务，保证了运动员更好地进行比赛、取得更佳的成绩。

事实证明，我们研制的浮标设备质量过硬，性能优良可靠，完全不输于国外进口的浮标设备。

比赛之后，奥委会还专门给我们发来感谢信，感谢我们保证了帆船比赛的顺利进行，高度赞扬了我们的浮标技术和设备。我读着这封感谢信，不由得为祖国海洋浮标事业的不断进步感到高兴和自豪，因为它促进了祖国的发展和强大，为我国的海洋事业做出了贡献，这对于我们这些海洋人来说是最崇高的荣誉。

此后十余年，借助奥运会帆船赛影响，我们研制的浮标在中国气象局系统得到了很好的推广应用。我国逐渐利用自主研发的浮标在沿海区域构建起海洋气象浮标网，为海上气象预报、灾害天气预警发挥重要作用。

布放于青岛奥运会帆船赛海域的大型海洋气象浮标

北极长歌

极地海洋专家 赵进平

科学家简介

赵进平，中国海洋大学教授，博士生导师，我国专门从事北极研究的科学家。数十年如一日地致力于极地考察和研究，参加了16次北极考察，为极地科学的发展做出了突出贡献。对北极的重大科学问题有全面了解，在极地物理海洋学、海冰物理学、极地气候学、极地卫星遥感等研究领域开展广泛的工作，在国际极地科学界享有良好声誉。

赵进平教授领导极地海洋过程与全球海洋变化重点实验室不断发展壮大，成为人才济济、实力雄厚的研究团队；长期担任博士生导师，为国家极地研究机构培养和输送了宝贵的人才；多次担任国家“863”计划、“973”计划、重点基金项目的首席科学家。曾当选国际北极科学委员会下辖的北冰洋科学理事会（AOSB）副主席，与美国、加拿大、挪威、韩国的极地研究机构有长期的合作，建立了通畅的国际合作渠道和良好的国际信誉。每年多次参加社会组织的北极报告会，传播北极知识，弘扬科学精神，为青少年认识北极，培养对北极的兴趣做了大量工作。

北极风光

结缘海洋科学研究

当知识成为渴望，当学习成为疯狂，世界将是什么样子？答案沉淀在我心里，那不是一个答案，而是一个时代的印记。

现在的大学生只要按部就班地努力学习，十年寒窗，往往就会走向科学的尖峰。而我没有这样的运气，小学四年级就因“文化大革命”辍学，16 岁进国营机械厂当了工人。我连初中、高中的课程都没有学过，有谁能体会一个无知者对知识的饥渴？当国家招收工农兵大学生的时候，我报了名，而且幸运地被录取了。

20 岁那年，我走进了东北师范大学物理系，成为一名工农兵大学生。大学期间“文化大革命”尚未结束，我没有学到多少知识，大学毕业时我连最基础的微积分都没有学过。1977 年，我大学毕业留校任教，但心里总是压着一块巨大的石头：没有过硬的知识，怎么能做好大学教师呢？

我毕业那年，高考恢复，我成了 1977 级物理系四个班学生的班主任。学生们都与我一样对知识充满饥渴感，拼命地学习。我在三年的班主任任职期间，与学生们一起听课，一起做题，甚至一起考试。三年的时光里我几乎重修了一遍物理学，部分找回了逝去的青春。

1980 年，我成功考上山东海洋学院（现中国海洋大学）的研究生。研究生的同学大都是本校的毕业生，而初到青岛的我对海洋科学一无所知。我当时只有一个念头——拼命学习赶上去。我除了听本专业的研究生课之外，还选了一些海洋学、大气学、数学的课。然而，学习太累了，吃多嚼不烂，导致我很多课程跟不上。我患上了严重的神经衰弱，晚上无法入眠，白天昏头涨脑。我急得哭了起来，难道这么宝贵的学习机会就要失去了吗？一个年轻老师跟我说，休息几天吧。于是他便带着我去了趟中山公园。那天到了公园后，我躺在草坪上呼呼大睡，从早上睡到太阳落山。几天后，我终于调整了过来。一年半的时间我学了几十门课。研究生毕业时我 29 岁了，当接到留校任教的通知时，终于感觉到心里的踏实。

青年时期的赵进平

1991 年，我前往中国科学院海洋研究所做博士后。博士后不用上课，不用找项目，只管安心做科研，成了我快速成长的温床。方国洪老师对我非常信任和放心，我做什么他都支持，并为我创造条件。工作就是一切。我全身心扑在科研中，有时甚至几个题目同时做，模糊了白天和黑夜的界限。海洋所距家只有 15 分钟的路程，我却每两星期才回家一次。转眼两年过去了，1993 年出站时，我共完成了 13 篇论文，其中一篇关于地球天文学的文章发表在 *Journal of Geophysical Research*（JGR，是美国地球物理学会出版的地球科学领域最权威的期刊之一）上。由于我在博士后期间的成果，中国科学院海洋研究所直接授予我研究员职称。两年时间，我从中级职称直接晋升为正高级职称，这是社会对我科研成果的褒奖和激励。我经常对学生们说，英才不会被埋没，重要的是如何让自己变成英才。

南极冰海的洗礼

研究生毕业后，我马上报名参加了中国首次南极考察队。当时山东海洋学院为考察队提供了温盐深测量仪（CTD，即 Conductance-Temperature-Depth System，用于探测海水温度、盐度、深度等信息），这是那次南大洋考察使用的最先进的水文仪器。我作为仪器操作和数据分析人员前往南极。

我们临行前做了大量准备工作，全面熟悉了仪器系统，可以说是信心满满。谁知第一次试航仪器就出了问题——仪器电缆内部断路。我们只好设法为仪器打上“夹板”。仪器时常出问题，我们边干边修。有一天，突然听到绞车发出一阵轻微的异响，我马上减速仔细检查，却一直找不到原因。忽然一声巨响，绞车的排缆器轴一个凸起崩断，再也无法开机了。这时，价值十几万元的探头在水下 470 米处，天气在变坏，船只在等待起航。我当过工人的优势瞬间体现了出来，我通过声音判断出油马达没坏，可以把所有其他的辅助设备卸掉。于是我们卸掉了链条、滑杠、排缆器，只剩下绞车光秃秃地像个和尚躺在那里。我开着慢车，队员们用滑轮排缆，领导们也加入了抢险的队伍。一米、两米……探头终于被提了上来。

从那以后，我们在考察时一直都使用小滑轮来进行人工排缆，直至考察结束。南极的测站很多都是 1500 多米深，探头在深水中，钢缆张得很紧，稍微移动一点儿都要费九牛二虎之力。大家拉开弓步，一排就是一个小时。在紧张的时候，队员们咬紧牙关，张紧面肌，像泥塑，像木雕，是一组最优美的艺术形象，可惜谁也无暇摄下这珍贵的镜头。

一次我们遇到了强大的南极风暴，风力超过 40 米 / 秒，浪高近 20 米。电台发出了考察队最后的告急电报：“向阳红 10”号遇重大险情。全船人员深知情势险峻，都在竭力挽救这条垂危的船。在船长张志挺的沉着指挥下，船头撞碎一个又一个波峰，整整坚持了 8 个小时。下午，风浪减弱了一些，有人跑来告诉我们："你们的探头瓦踏（方言，指坏掉）了！"我们7名队员赶紧打开水密门，冲到后甲板抢救仪器。这时，耳畔传来一阵闷雷般的响声，一座10多米高的浪峰压向后甲板。眼见船舷迅速下沉消失在海水中，冰冷的海水瞬间从裤脚升到了脖子。我和张玉林老师死命地拉在一起，并抓住身后的一部绞车，抵御着一个又一个巨浪。利用船调转方向的机会，我们迅速回撤到舱内。

南极冰海给了我真正的洗礼，让我体会了世界的辽阔、人类的渺小和科学的伟大。

舍命北极点

极地海洋专家　赵进平

1995年发生了一件有意义的大事——中国远征北极点科学考察队到达北极点。该事件被近400名院士投票选为当年"十大科技新闻"之一。我作为考察队员之一，荣幸地参加了这次考察，这也是我北极事业的入门之旅。我们乘坐飞机到达北纬88°的冰面，目标是直线距离220千米之外的北极点。我们靠滑雪行进，补给物资由狗拉雪橇运送。

4月的北极处处都是厚厚的坚冰、坚冰堆砌的高大冰脊，以及掩埋在积雪之下的冰缝。穿越冰脊极其危险，绝大部分冰脊高大险峻，不可通行；每次穿越冰脊都必须找人和雪橇都能通过的路，很多时间都消耗在跨越冰脊以及从高大危险的冰崖

考察队往北极点滑雪行进

考察队抵达北极点成员合影（左二为赵进平）

攀上、跳下中。为了找路，我们每天都在走折线，向东，向西，甚至向南。即使每天行走十几个小时，北向直线距离也不过20多千米，因为走了太多的折线。

这种探险式行进对科学考察是非常不利的。到达宿营地时，人困狗乏，只想赶快搭起帐篷躺下休息。在这种情况下还要再干三四个小时的科学考察，其难度可想而知。每隔一两天就要进行一次海洋考察，需要完成CTD剖面观测、300米分层采样、电磁海流计长时间观测等项目，有时还要试探采泥作业。寒冷的天气是考察的天敌，会经常出现计算机不工作、仪器冻坏、装备损失和样品胀坏的情况。

疲倦，严重的、超乎想象的疲倦困扰着我，因为没有足够的睡眠，没有松弛的机会。但我们不能因为工作忙、睡眠少而提出特殊要求，必须和大家一样滑雪和驾驶雪橇，全队不会为一个人而休息一天。行军后要马上忘记昨夜的劳累和困倦，否则会影响自己乃至整个团队的士气。要经常自我暗示：我昨夜休息得非常好，今天处于最佳状态。累了就去想开心的事，闷了就大声唱歌，疲倦了就紧紧咬住领路人滑行，因为我深知，只有靠自己的毅力才能抵达目的地。

经过这次考察，我们了解了北极，积累了海洋考察的经验，取得了宝贵的资料，为我国的北极科学写上了非常有价值的一笔，并在未来的时光里，将北极科学延续成美丽的画卷。

屹立的大浮标

大型浮标（简称大浮标）是用来进行海洋和大气环境观测的专用浮标，可以将数据实时传送回岸上基地，提供海洋和大气环境监测和预测服务。大浮标由于体积巨大，可以携带大量的电源和众多的传感器，并且能够经受大风和巨浪的冲击，是海洋观测的重要装备。然而在冰封的北极，长期海冰覆盖，因而是没有大浮标的用武之地的。但是有一片海域，既在北极圈内，又没有大量海冰，那就是北欧海。北欧海是冰岛海、格陵兰海、挪威海三个海的统称。北欧海又是北极圈里结冰最少的海，其海气热交换是全世界最强的，向大气输送了相当于 400 万个发电厂发出的能量。

在科技部和海洋局的支持下，我们与山东海洋仪器仪表研究所合作，开发了一套大浮标，并且参加了我国第五次北极考察，以将浮标布放在北欧海。这个浮标直径 6 米，水上部分 13 米，水下部分 4 米，是个庞然大物。浮标载有 5 套大气观测系统，3 套海洋观测系统，可以提供 50 多个海洋和大气参数，是名副其实的海气耦合浮标。浮标载有 200 多套电瓶，带有太阳能发电和风力发电两套系统，其能量非常强大，足以适应那里极夜的条件。

初入北欧海，大浮标光彩照人，艳黄色的身躯在风浪中摇摆，背景是密布的乌云，周边是翱翔的海鸥，数据源源不断地发回来。然而，好景不长，到了 1 月份的时候，浮标就没有数据了，我们猜不出发生了什么。第二年，我们将浮标拖回港里维修，发现所有的传感器和数据天线都没有了。我们分析是冬季气温低，风浪溅起的水滴打到传感器上，冻结成了冰坨。大冰坨受到巨浪击打，仪器就会被彻底损坏。这样的事每年都在重演：冬季中断观测，夏季筹集经费派人前往北极进行维修，然后拖回海上继续进行观测，冬季继续中断。

2013 年，我去波兰开会，刚安顿下来就接到了报告，我们的浮标断锚了，正在大海中四处漂荡。这个重几十吨的浮标一旦撞上别的船将会造成重大损害，即使

北欧海大浮标

撞上礁石，浮标也会受到严重损坏。从国内来人办签证来不及，正巧我在国外，于是便决定放弃会议直接前往北欧海实施救援。当我到达距离浮标最近的特隆姆瑟市时，却发现浮标已经向南漂了 800 千米。我当即乘机前往南方的卑尔根市找船，浮标却又向北漂到了奥尔松市。而当我连夜赶到奥尔松，在当地找船期间，浮标竟然又向北漂了。我只好重新回到特隆姆瑟，租了一条船到达海上，准备抓住浮标。当船终于开到浮标附近时，大风又刮了起来。我们乘坐的小船由于不堪风力，只能先到罗弗敦岛上的港口避风，我眼睁睁地看着浮标在大风作用下越漂越远……几经周折，所幸我们最终还是成功地将这个“海外游子”拖回了特隆姆瑟港。

就这样，大浮标观测了三年，也维修了三年。当我们准备进行第四次维修时，在海上却再也看不到那个英俊挺拔的浮标了。挪威海岸警备队通知我们，由于浮标再一次断锚，可能是撞到了大型船舶，浮标上的支架全部被撞毁。如果再次维修将耗费大量的人力和物力，且难以在短时间内完成。无奈之下，我们只好将浮标先拖回特隆姆瑟港口，希望有一天能筹集到经费，重新恢复大浮标的活力。

极夜微光

那是2007年冬季，加拿大科学家戴维·巴勃组织了一次越冬北极考察，我和我的学生李涛受邀参加，考察什么由我们自己定。我很兴奋，这是我们能自由决定的考察。由于我们有权共享物理海洋学数据，所以我决定做海冰光学考察，我们可以通过测量海冰的光学特性来了解海冰的特性。极夜期间，北极黑暗无光，是做海冰光学考察的好机会；最重要的是，这是从来没有人做过的观测。于是我们带着对科学探索的兴奋出发前往加拿大。

极夜异常寒冷，风感温度零下46℃。冰面上没有建筑物遮挡，长风浩荡，凛冽刺骨。我们要从三层楼高的船上抬着全部器材到达冰上，包括灯、发电机、冰钻、雪橇、光学仪器系统和全套工具。我创造的观测方法是在冰上钻开槽，将仪器横卧在冰中，拖着灯步进式移动，以测量光的侧向衰减。刚开始，首席科学家戴维·巴勃每天都会到我们的观测站，看看我们到底在干什么，他对我们的这种创新很好奇。

旗开得胜，第一次上冰，我们就完成了两个测点的观测，获得了非常好的数据。而后，每天我们都要上冰开展观测。冬季的严寒是对人类的考验。我自认为很坚强，但每次打开舱门，倾泻进来的狂风暴雪都在挑战着我们的意志力。有一次，打开舱门，外面狂风怒号，我们站都站不稳，我犹豫了，就问李涛：“我们还下去吗？”李涛坚定地说：“下，要不我们干什么来了。”一句简单的话，我看到了学生的成长，看到了他对于科研的热忱和坚持。一咬牙，我们又走进了风雪之中。

在冬季的七八个月里，北极是没有地方可以加油的。因此我们的考察船不仅加满了油，而且甲板上也都堆满了油桶，沉重的油料将船的吃水线压到了冰下。即使这样，船还是不敢频繁移动，因为油料要优先保证船上的发电。船大约每星期换一个站，到站后各个学科的考察队员争先恐后进行观测。一天过后，船不再移动，大家都在船上的酒吧里消磨时光。而我们需要针对不同类型、不同厚度的冰进行观测，当然机会越多越好。每天晚上的科考协调会，每当首席科学家问到明天谁上冰时，我总是第一个举起手，每次都会听到其他队员善意的笑声。有时，我们竟然是唯一上冰的团队。

在冰上作业，北极熊是最大的危险。当看到围着我们转的白色的小狐狸时，有经验的队员就会提醒我们：你们要小心了，小狐狸在冰上没有东西吃，只能跟在北极熊后面吃点儿残羹剩饭。因此，小狐狸出现，说明北极熊就不远了。我们的安全状况不容乐观：一方面是防熊的队员远离考察站位，一旦北极熊来了，他也无法及时赶到；另一方面是观测时要让船上关闭所有灯光，若此时北极熊真的来了，我们根本看不见。因此我们在冰上忙碌时，总是随身带上一把铁锹，随时用眼睛的余光瞄着这把铁锹；一旦北极熊到了身边，一把铁锹肯定挡不住 800 千克重的北极熊，但是却有可能延滞北极熊的进攻，等来救援。

终于，漫长的冬季过去了，我们也顺利结束了本次考察任务，回到了祖国。我们征服了极夜，满载而归。

2007 年极夜期间赵进平在进行海冰光学观测

加拿大数据空洞

在加拿大北部，有一大片海域，那里的群岛被称为加拿大北极群岛。北极群岛中有著名的巴芬岛、艾利斯米尔岛和班克斯岛，整个群岛的陆地面积跟我国东北地区那么大。在群岛的北部是著名的固定冰区，那里的海冰终年不化，冰龄达几十年甚至更久。破冰船无法抵达那里，人们对冰下海洋处于完全不了解的状态，因而那里被称为“加拿大数据空洞”。

我们决定前往加拿大探索数据空洞。加拿大北极事务的管理官员马丁·布莱格曼先生知道了我们的愿望，决定支持我们前往。由于前往那个海域只能靠飞机，所以布莱格曼先生为我们租了10天的飞机。同行的还有加拿大的物理海洋学家艾迪·卡麦克。

当飞机飞到永久冰区之上时，我们不禁倒吸一口凉气：这哪里是冰原，很像怪石嶙峋的张家界，冰块随意堆砌在那里，飞机根本不可能降落。好在飞机驾驶员找到了一片平坦的冰面——那是被撕裂的海冰重新冻起的产物——飞机安全降下。一下飞机，我们首先在飞机旁边打洞，将加拿大人的CTD和我们的海流计串在一起，下放到2000米深处。

长期以来，在那个海域不能观测海流，是因为北磁极盘踞在那里，指南针无法工作。可是，我事先查看了资料，自从21世纪开始，北磁极已经大幅度移动，我们携带了海流计测流，仪器上来后我们读取了数据，发现测流结果非常好。加拿大人看了数据，睁大了眼睛。显然，这次观测颠覆了他们始于儿时的观念，在这个海域竟然可以测流了！

第二个航次，我们只有两个登机名额，学生李涛和侯家强请求让他们二人同行。由于我之前已经试探过了，认为安全无虞，所以就同意了他们的请求。正常情况，他们应该下午3点多回到基地，可是我却迟迟不见飞机的踪影。直到晚饭后飞机还没有回来，我心里发慌，一边四处乱闯找人询问，一边后悔让学生自己出去，万一出

2010 年在加拿大北部密集冰区进行海洋考察的部分成员合影（左三为赵进平）

了什么问题，我该如何向家长交代！我一直焦急地等到深夜，终于有人来告诉我们，飞机在冰上起飞时撞上一个小冰块，飞机尾翼被撞掉一大块，因而不能起飞，需要等待另外的飞机前往救援。天哪！这可不是小事情，在充满危机的冰上起降中的飞机受损是很大的事故！真庆幸我们的学生化险为夷，第二天安全返航。从此，我们实验室定下一条规矩，绝不能让学生单独前往第一线进行考察。

两个航次过去，我们对考察和数据更有信心了，相信我们后续能够取得更出色的观测结果。可是次日却起了大雾，浓雾弥漫，飞机无法起飞。我们穿好了考察服，带好了仪器，一直在机场等待起飞的指令。然而，从凌晨等到黄昏，大雾都没有消散的意思，大家只好悻悻地回到基地，等待时机再次起航。谁知，浓雾从此盘踞了这片海域，连日不开，直至把我们的考察时间全部耗尽。本来那里 5 月份才会有浓雾，我们去的时候是 4 月份，何来的浓雾呢？看来北极真的是变了，变得让我几乎不认识了。

等到我们离开那天，雾突然消散了，可是，我们不得不按时返航，只能满怀惆怅地登上返航的班机。谁知，这次考察竟成了绝唱，回国后不久我就接到了两个噩耗。一个是我们后续的美国考察队降落在冰面上之后，因海冰开裂而导致飞机连同所有考察仪器全部沉到海底，所幸人员无恙，但考察活动不得不终止。另一个是一直支持我们考察任务的布莱格曼先生在一次前往北极时，不幸因飞机失事而失去了他宝贵的生命，也带走了他对中国人的友谊和支持。从那以后，所有走正常渠道的考察申请均被驳回，我们再也没有机会回到加拿大数据空洞进行考察。

五进北欧海

研究北极的变化离不开北欧海。在国家极地专项的支持下，我们曾五次考察北欧海，开辟了对这个遥远、陌生海域考察的新纪元。

我们由于经费有限，就租了一条小船。船是“二战”时由德国建造的，船龄比我的年龄还大。不过，从磨掉油漆的地方可以看到，船的钢结构完好如初，不得不赞叹德国那时的炼钢水平。船虽然小，但耐风浪的能力很强。船长说，在北欧海没有这条船不能去的地方，也没有这条船适应不了的海况。只是苦了我的学生们，他们哪见过这般风浪。但我心里有数，对学生来说，在保证安全的前提下，吃苦是必要的，不然哪有坚强的下一代。

2014 年，我们第一次进入北欧海，

狂风就给了我们一个下马威。当时正值风暴过境，船大幅横向摇动，我们不能吃饭，甚至不能睡觉。第一站到了，连我这个“老海洋”都觉得晕船，八名师生几乎全部趴下了。每个人都随身带着塑料袋，吐出了吃进去的一切。但是，年轻人很坚强，只要到站就又冲到岗位上开始进行实验研究。随着我们的观测站位在大海中不断延伸，我的学生也在逐渐走向成熟。

格陵兰海是我们见过的最特殊的海域，那里空气的湿度从来都是饱和的，风里夹杂着水滴。在那里作业不是要穿工作服，而是要穿雨衣，像在雨中作业一样，浑身湿漉漉的。从数据中更能看出格陵兰海的特殊性，感热是其他海域的两倍，潜热是其他海域的四倍，真让人感到有些莫名其妙。

2012 年北欧海科学考察时师生合影（左四为赵进平）

2016 年，我们把目光瞄准了扬马延水道。那是一个水下通道，隐没在汪洋之中，有 10 000 米宽， 1200 米深。我们在第一年的数据引导下，进入了这个水道进行观测，布设了密密麻麻的观测站位。可以说，这次考察的数据密度足以载入史册。我们在那里辛勤耕耘了半个月，完成了 67 个观测站位的工作，几乎每天都要做五个站位以上，在感到辛苦之余，更多的是收获的喜悦。

2017 年，我们刚刚做了六个站位，由于水手操作失误，将绞车开过了，仪器撞到绞车后落入海中，幸好没有伤到人。没有了仪器，我们只好提前结束了那次考察，失望地返回国内。不过那次考察也不算完全失败，我们布放的潜标成功地坚持到下一年，为我们带来了最完整的测流时间序列。

我们一直以为与挪威方面合作考察就不需要申请许可，也就从来没有申请过。2018 年，我们的考察船再次按计划进入考察海域，谁知挪威方面知道了我们的航

北极极光

次后竟然暴跳如雷，宣称要在船回来的时候逮捕所有考察队员。幸亏当时我在国内，能够比较方便地和各方进行沟通。

经过与挪威渔业管理局有关人员反复沟通，提供了我们所理解的考察守则，证明我们真的不知道挪威政府的规定，才获得了挪方的理解。第二天，我们的人员登岸没有遇到麻烦，之后也得以安全返程。可是，挪方最终还是把船长和船老板给抓进了监狱。从此，我们的北欧海考察画上了句号。我希望那不是“句号”，而是“分号”。北欧海实在是个科学宝库，即使用毕生精力去研究也是值得的。

常有人问我：北极又艰苦，又危险，科研经费又少，为什么你却钟情北极 20 多年，而不“移情别恋”呢？其实是由于心中那份无法割舍的情感和牵挂。外人很难理解我对北极的情怀。有人会说，北极是寸草不生的冰雪荒漠，是生灵远避的死亡世界，有什么情感可言？北极无人可恋、无亲可寻，又有什么可以牵挂？其实，北极承载着我的梦想与追求，存放着我的青春和热血，凝聚着我的智慧和耕耘，宣示着我的勇气和奋斗。

时光如水，逝者如斯。科学家是精神和灵魂的凝聚。当科学家想到了事业，会由心底生发出热流，使疲弱的身躯变得坚忍不拔；当科学家步履蹒跚的时候，想到的绝不是混吃等死，而是老骥伏枥；当科学家离开这个世界的时候，不会为失去世间铅华而悔恨，却会因回想起自己人生的铁马冰河而内心充满安详。

机会总是留给有准备的人

海洋地质学家 翟世奎

科学家简介

1988 年获博士学位的翟世奎教授

翟世奎，中国海洋大学教授，博士生导师，海洋地质学专家。国家杰出青年基金获得者，国家百千万人才工程一、二层次入选者，国务院特殊津贴获得者。曾任国家“973”计划项目首席科学家，国家“863”计划资源环境主题专家组成员，国务院海洋勘测专项办公室成员。

翟世奎教授在国内率先开展了冲绳海槽岩浆岩岩石学的研究，促进了我国海底岩石学研究的发展，为中日大陆架和专属经济区划界提供了第一手资料和基础；在国内率先开展了现代海底热液活动及其成矿作用的研究，并建立了国内第一个现代海底热液活动研究青年实验室和国际海洋研究科学委员会（SCOR）现代海底热液活动及其成矿作用中国工作组；积极倡导我国加入国际上最大的海洋地质学调查研究计划——大洋钻探计划（ODP），为我国成功加入该计划和实施在南海钻探做出了重要贡献；主持创办了中国海洋大学海底科学与探测技术教育部重点实验室；把海洋地球化学的理论和方法引入海底油气资源勘探，为我国南海油气资源的勘探开发提供了新的思路和技术方法。

结缘海洋科学研究

对于一个没有读过正式高中的农村孩子来说，能跳出贫穷落后的农村，进城拿到“铁饭碗”，就是最高的奢望了。

周围几乎所有的人，包括我所在中学的校长和曾经教过我的教师，都认为我没有任何考上大学的可能，都力劝我报考中专。但我自己坚信只有读大学才是我的夙愿，为此同父母争吵过多次，最后还是瞒着父亲报考了大学。

根据当时我所在地区的高考报名情况推测，每 300 多个报名考生中才能有一个被录取。记得当年和我同在一个考场的 37 名考生中有 7 名是曾经教过我的教师（“老三届”高中生）。考场上的我在想：别说是 300 多个考生中选一个，就是这一屋 37 个考生中选 7 个也选不上我啊！没有负担，没有包袱，只是试试而已！

记得考试的第一天，我母亲还特意让我带上了两个专给老爷爷（太祖父）吃的馒头，并祝我好运。老母亲真诚的祝福可能感动了上苍，我竟然成了所有参加这次考试的考生中极少数的幸运者之一。后来知道，教过我数学的教师，数学考得不如我好；教过我物理和化学的教师，物理和化学考得不如我好。

山东海洋学院（现中国海洋大学）的录取通知书是我有生以来收到的第一封信函，我回想当时的心情，现在仍不乏激动。我成了全村第一个通过高考被录取的大学生，全家乃至全村人都为我感到高兴和骄傲，村支书还破例把全村的大、小队干部都召集起来为我喝了一次庆贺酒。

1978 年初春，我离开贫穷、落后而又闭塞的农村，如愿步入了雍容如也的高等学府——山东海洋学院。记得在填报高考志愿时，我没有任何人指导，没有任何参考资料，唯一可以查阅的就是一张刊登招生院校的报纸。我在平时的阅读中，早已知道青岛有“东方瑞士”之称，尽管当时不知道瑞士是什么地方，但知道青岛是一个环境优美的海滨城市，就决定去青岛上学读书；也由于自己深知海洋是那样的深奥莫测，而且又特别爱吃鱼，因而选择了山东海洋学院；还因为自己知道地球悬

在山东海洋学院读书期间的翟世奎

在空中，既不远行也不跌落，是那样地充满神秘，便选择了海洋地质专业。正是这种出于天真的“兴趣”，决定了我一生要致力于海洋地质学研究。

能考上大学对我这个没读过正式高中的农村孩子来说是值得骄傲与高兴的，但这种骄傲和高兴在我步入大学校门后不久便烟消云散了。

入学后我很快发现几乎周围所有同学的基础都比我要好得多。英语摸底考试我交了白卷，高等数学和物理使我难以接受。自学的那一点点高中课程知识太可怜了！在某天的日记中我这样写道：“你懂得太少，你懂得寥寥，不说天上的星星，只说地上的小草，你有几个知道？……”

尽管尽了最大的努力，但在入学三个月后的数学考试中，我仍然只得了46分，是学习同类数学的三个系中的倒数第一名。这是我有生以来在学习上受到的最重的一次打击。我心里难以接受，更难以承受周围部分同学那藐视的眼光和如刀子般的讥讽：“就你这数学水平，真不知道怎么做的中学数学教师。”我沉默了。班级辅导员教师怕出什么意外，几次找我谈心，还吩咐班干部跟随我，做我的“思想工作”。那时的我真感到无地自容，真想从校园内的八关山上跳下去。

但是，我最终还是冷静地坐下来分析了一下当时的情况：周围的同学全部是正式的高中毕业生，绝大部分同学（特别是来自城市的同学）的高中教师均是名牌师范大学毕业。无论从学历还是教过自己的教师方面讲，我都要“矮”同学们一截。但这并不能说明我比他们笨！我下定决心拼它个一年半载，如果确实证明自己生来就比别人笨，再另当别论。

记得在那一年多的时间里，我没看过一次电影，没出去游玩过一次，甚至很少给家中父母写信。在大学二年级，学校里组织了一次数学竞赛，每个班级选 10 名优等学生代表参加，以这 10 名优等生的参赛成绩作为全班的成绩（个人成绩另算）。我理所当然地没有在考虑之列。但是，我以个人的身份报了名，这虽然引来许多冷嘲热讽，但我还是决心检验一下自己一年来的努力。

竞赛结果出来了，我竟然成了全班唯一的获奖者。我感到激动，但更重要的是重拾了自信！班里让我登台介绍学习经验，系里召集全体教师同我一起开座谈会。从那一天的日记里可以清晰地看出我的冷静、自信和对未来的“野心”。那天的日记中我这样写道：“时刻记住，周围都是你的‘老师’；但更不要忘记，将来都要成为你的‘学生’。”

大学毕业后，我又成功地考取了中国科学院的研究生，在著名海洋地质学家秦蕴珊院士指导下，先后获得硕士和博士学位，成就了我与海洋科学的一生情缘。

1984 年，翟世奎（中）和导师秦蕴珊院士（右）及国际著名海洋地质学家来利曼在调查船上

少年求学，“挫折”成就了“幸运”

我于1958年生于鲁西南著名的三大贫困地区之一的聊城县，京杭大运河傍村而过。我对童年生活印象最深的就是滔滔不绝的运河流水、春天白茫茫的盐碱地和偶尔吃一顿面条或馒头时的香甜。

小学阶段正值“文化大革命”，学校没有正常或有规律的教学活动。对于不谙世事的小学生来讲，尽管没有学到理应学习的科学文化知识，但却满足了“好玩”的天性。这也许是我一生求学之路走到“尽头”（完成博士后项目）时，仍然感觉上学没上够的原因之一吧！我窃以为我的少年时代是快乐幸福的，至少没有现在小学生这么多的作业和高强度的学习压力。

记得我15岁初中毕业时，各科成绩平均95.3分，在全校两个初中班级中居于榜首，我盼望着早日迈进高中的门槛。可是没想到，我被剥夺了读高中的权利。那是在张铁生“白卷事件”不久，教育倡导“宁要社会主义的草，不要资本主义的苗”。一个村里，谁能去镇上读高中，是由贫下中农的推荐决定的。而所谓的贫下中农推荐，实际上却是由农村干部直接决定的。我所在的村50多个初中毕业生只有8个推荐名额，无论如何也分配不到我这个出身上中农、父亲连个小队长都不是的孩子身上。

后来，听说离家数千米远的邻近乡上办了一个民办农中，由学生集资聘请教师和支付教学费用。每个学生每年要交19元的学费，这在当时的农村已是一笔不小的支出（正式高中每年只交1元学费，当时20元工资就足够四五口人之家一个月的生活费用）。我同父亲商量，他坚决不同意。原因是我既然没被推荐去读高中，再上学也没用。另一个没有说出的原因就是我已成为近成熟的劳动力，拿出这么多钱来供我读书将会给家里带来很大的经济负担。

但是，强烈的求学愿望让我无论如何都不想放弃这次机会。在困扰了好几天之后，我还是想出了一个“诡计”来。我跑到姥爷家，以父亲要借钱买化肥的名义向姥爷借了20元钱。偷着去邻乡交了5角钱的报名费和19元第一年的学费，剩下的5角钱便吃了顿午饭。此事瞒了父亲近半个月。

终于要到开学的日子了，眼看再也瞒不下去了，我只好借一天晚饭后父亲高兴的时候把事情的经过讲了出来，但全力强调：我实在太想继续读书了！我要上学！我做好了充分的准备，哪怕挨父亲一顿打，只要他能同意我上学也值了。

出乎我意料的是，父亲沉默很久没说话，最后竟然说："孩子，你要真愿意读书，我一定会供你。咱们家还有点钱，明天把借的钱给你姥爷送去。"我当时被父亲的话感动得差点哭出来。父亲终于理解了我求学的强烈愿望！父亲的这番话对我的一生都起了极为重要的作用。每当遇到困难或自己想要懈怠散漫时，我总会想起父亲，似乎看到了父亲那充满理解、信任和期待的目光。

到了民办农中，我一反小学和初中时调皮捣蛋的习性，变得认真和勤奋了。幸运的是，教我高中语文同时担任班主任的是一位学识渊博、治学严谨有方的好老师。他教我们怎样做对社会有用的人，常常和我们开展关于人生意义与价值的讨论。我十分怀念那近一年的"高中"生活。尽管那时的社会充满动荡，但我们这班学生依然在踏实地学习。没想到的是，刚刚读了不到一年的民办农中，"反击右倾翻案风"的运动便席卷全国。学校不得不停课搞运动，学工、学农。这对我们远道而来求学的学生来说是难以接受的，因为这样不如在自己家中劳动，于是我只好辍学回家。

回家后，我虽是于心不甘，但又无奈。就在我以为自己这一辈子只能以种田为生的时候，意想不到的事情发生了：村办中学的一位教师突然病倒了，我被学校校长邀请去做代课教师。于是十分幸运的我又有了一次静心学习的机会。我这个中学生要去教中学，在现在看来真是难以想象！由此可见当时农村的教育资源匮乏到了什么程度。

在1976年9月到1977年年底这一年多的代课时间里，我凭着对书的酷爱、对知识的渴求和顽强的学习精神，不仅使得所教两个初中班级的数学成绩在全镇十几所中学的考试中包揽了第一、第二名，而且自学了“老三届”高中数理化课本中的大部分内容。当时，我不仅吃住在学校，而且每天晚上都要在煤油灯下学习到子夜。

“机会总是留给有准备的人。”1977 年 10 月，我国各大媒体公布了恢复高考的消息，并规定了报名原则：凡是工人、农民、上山下乡和回城知识青年以及应届毕业生等，均可报考。我竟然也有了参加高考的机会！那一年我刚好 18 岁，意气风发正当年。之后的故事，我前面已经分享过了。

挑战自我，“遗憾”成就了研究方向

记得在 1983 年，我作为在读研究生随“科学一号”科考船出海，这是我有生以来第一次参与海上调查和地质采样工作。调查的海区是一个既陌生又危险，同时也充满科学内涵的海区——冲绳海槽。冲绳海槽是位于我国东海大陆架与琉球岛弧之间的一个狭长舟状海槽。说其“陌生”，是因为我国当时的海洋调查主要是在中国大陆架范围内，只有 1979 年“金星”号科考船在东海大陆架考察时涉足过一次冲绳海槽。说其“危险”，一是因为

翟世奎在“科学一号”科考船上

这里水深多在 500 ～ 2000 米，局部水深超过 2400 米，这是当时我国海洋科考很少触及的深水区；二是因为这里距日本的冲绳岛很近（布设的调查采样站位最近的距日本冲绳岛只有 17 海里），当时中日之间的关系仍处于“紧张”时期。说其“充满科学内涵”，是因为当时正值海底扩张理论和弧后扩张学说盛行，而冲绳海槽正是位于琉球海沟和岛弧之后的、目前尚处于弧后扩张初期的弧后盆地，是验证弧后扩张学说和研究弧后扩张早期地质作用的最佳场所。

海底热液喷口周围的生物

30 多人的调查队分为四个小组，昼夜不停地轮流作业。我作为其中一个小组的组长，在一次值班做底质拖网采样中，没有采到理想的海底岩石样品，却拖上来一堆生物样品，有鱼、虾和蛤类等。鱼的腹部都好像是被炸开了，虾的头部也有被炸裂现象（由于水下压力远远大于水面压力而出现的炸裂现象）。由于当时在场的都是海洋地质专业人员，大家都被眼前的景象弄懵了。我首先想到的是，在这样的水深条件下，怎么会生存有这些只有在海边才能见到的生物呢？但令人遗憾的是，当时大家都没在意，把拖上来的生物全部又扔回了海中，连个标本样品也没保留。

直到 1984 年，我在一本学术刊物上看到报道，日本科学家就在我们拖到生物的站点附近海底发现了正在活动的热液喷口和大量热液生物，并将此热液活动点以日本的地名加以命名，这是在冲绳海槽首次发现现代海底热液喷溢活动的报道。至此，我才明白一年前我们现场拖到的生物是生活在深海热液喷口附近的热液生物。就这样，我们失去了在冲绳海槽首先发现热液活动并予以命名的机会。

这次与我失之交臂的科学发现是我一生的“遗憾”。这一“遗憾”使我感到知识面的不足，感到搞地质学或地球科学研究需要掌握多学科的知识，也就是要当“科学家”而不能当“专家”。这一思想贯穿了我整个的科研生涯，促使我查阅了大量文献，尤其是关于现代海底热液活动及其成矿作用方面的文献及报道。这一“遗憾”同时也激起了我立志从事现代海底热液活动及其成矿作用研究的兴趣。

翟世奎在英国剑桥大学

博士学位研究生期间和毕业之后，我广泛搜集查阅了有关现代海底热液活动的资料，逐渐了解到这一领域涉及的基本都是人类还不了解的前沿科学问题。例如，海底热液活动主要发生在地幔物质涌出的大洋中脊和弧后扩张中心，在这些刚刚涌出的地幔物质上只要出现热液喷溢活动，就会马上出现密密麻麻的伴生生物（多达几百种）。这些生物没有经过达尔文的“生物进化”，外貌和岸边生物相似，而从基因上看却是地球上所有生物的“老祖宗”，难怪有科学家认为“地球上的生命源于地球的内部”。再如，在海底热液喷口附近大都发现富含 Cu、Zn、Fe、Ni 和 Pb 等金属元素包括 Au、Ag 和 Cd 等贵重金属元素的热液硫化物矿体。由于海底热液活动大多发生在水深 2000 ～ 4000 米的深海远洋区，喷出的热液温度多在 300 ℃左右，调查采样需要高新技术和高昂经费的支持，选择这一研究方向对我这个“门外汉”来讲，具有很大的挑战性。查阅了在这一研究领域领先的单位和科学家之后，我最终选择刚刚在世界权威学术刊物 *Nature* 上发表了相关文章的英国剑桥大学 Harry Elderfield 教授作为合作导师，完成了自

翟世奎在中国科学院现代海底热液活动研究青年实验室成立大会上作报告

己求学生涯的最后一个阶段——博士后的深造，同时立志此后致力于现代海底热液活动及其成矿作用的研究。

1991 年完成博士后的深造回国后，我便在国内率先开展了现代海底热液活动及其成矿作用的研究，建立了国内第一个现代海底热液活动研究青年实验室，成立了国际 SCOR 现代海底热液活动及其成矿作用中国工作组，促进并带动了我国在该领域的调查与研究，得到了国际同行的认可。在 1992 年中国科学院海洋研究所组织的冲绳海槽专项调查中，我们“科学一号”调查队通力合作，在冲绳海槽北部两个采样站位点采集到了只有在海底热液喷口才能生存的热液伴溢蛤，并将这两个可能的热液活动点分别命名为“中国东海Ⅰ号”和“中国东海Ⅱ号”现代海底热液活动区，热液伴溢蛤照片登上了《科学通报》的封面。十多年的潜心研究，我终于在 2001 年出版了有关冲绳海槽的学术专著——《冲绳海槽的岩浆作用与海底热液活动》。

迄今，我从事现代海底热液活动及其成矿作用研究已有 30 余年，培养这一领域的硕士和博士青年人才 50 余人，先后得到了国家自然科学基金委“国家优秀中青年专项基金”和“国家杰出青年基金”以及国家科学技术部“国家重点基础研究发展计划”和“国家高技术研究发展计划”项目的支持。余生，我将继续对这一领域的探究。

《冲绳海槽的岩浆作用与海底热液活动》

我们的征途是星辰大海！

海洋生物学家 李新正

科学家简介

李新正，中国科学院海洋研究所二级研究员、博士生导师，中国科学院大学岗位教授。长期从事海洋生物多样性、无脊椎动物分类系统学、海洋底栖生物生态学、甲壳动物学研究和海洋生态环境调查与评价等。1994 年 10 月起享受国务院政府特殊津贴。主持和完成科技部基础性工作专项项目、国家自然科学基金项目、中国科学院重点项目等 50 余项，发表 SCI 期刊论文百余篇，获多项发明专利授权。作为首批科学家团队成员参加了 2013 年中国第一艘载人深潜器“蛟龙”号的试验性应用首航次深海考察并下潜，是第一位乘“蛟龙”号下潜至 3500 米以上级深海的科学工作者，也是第一位既乘坐过“蛟龙”号也乘坐过“深海勇士”号载人深潜器下潜深海的海洋生物学工作者。

李新正研究员主持并完成了我国长臂虾类、长额虾类、褐虾类、藻虾类、玻璃虾类等多个真虾类类群以及铠甲虾类的分类学研究，主编了《中国动物志》长臂虾类卷，指导学生开展了等足类、异毛虫类（多毛类环节动物）、钙质海绵类（海绵动物）、沙海星类（棘皮动物）、放射虫类（原生动物）等多个海洋无脊椎动物类群的分类学、系统发育和动物地理学研究。带领团队长期开展我国近海大型底栖生物海上调查，并对 20 世纪 50 年代以来的相关数据进行系统分析，率先开展黄海和东海底栖生物次级生产力研究；首次对南黄海及邻近海域大型底栖生物长期变化机制进行分析研究，并量化人类活动和气候变化的影响；首次提出东海近海大型底栖生物群落结构存在“三明治”现象，认为该现象的形成与黑潮变异直接相关，其形成时间不长但将长期存在下去。

结缘海洋科学研究

我生长在山东安丘的乡间，那里有蓝天白云、一望无际的田野和自由飞翔的鸟雀。我在那里快乐地奔跑，在清澈的小河里抓鱼虾，蹲守在草丛里扑小虫……这样的童年画面，直到现在还不时地浮现在我的脑海中。

在安丘一中读高中时，任教生物课的常桂兰老师在第一节课上讲："所有的生物都是由蛋白质构成的，包括头发、指甲、皮肤、心脏等等。"常老师的精彩开场一下子触动了我的好奇心，生物成了我最爱上的课。常老师经常挂在嘴边的一句话是"21 世纪是生物学的世纪"，于是我下定决心，以后考上大学要学生物学专业。

1981 年高考填报志愿时，班主任建议我报南开大学，我说专业一定要填生物系。最后我如愿被南开大学生物系动物学专业录取。从本科、硕士到博士，我在南开度过了难能可贵的10 年，跟随我的"偶像"，也是我的硕士、博士导师郑乐怡教授从事昆虫分类学研究工作，朝夕与"界门纲目科属种"为伴。

从此，我成了执着的"追星族"。郑教授是我国著名的昆虫学家，中国昆虫学会终身成就奖获得者。他学识渊博、幽默

1985 年李新正（左）与导师郑乐怡教授在南开大学

1991 年李新正入职中国科学院海洋研究所

风趣、多才多艺，有深厚的美术功底，写得一手好字，手绘昆虫标本更是栩栩如生。在硕、博期间，我主要做半翅目盲蝽科中国种类记述和缘蝽科的系统发育工作。为了采集大量的标本，我跟随老师走遍吉林、甘肃、陕西、云南、福建、四川、海南等地的崇山峻岭，钻进茂密树林，挥舞着捕虫网采样，有时还会碰见毒蛇，被吓出一身冷汗。

每次外出都想尽办法采集更多的标本，当天还要分拣、制作上千只昆虫标本，凌晨一两点钟方能睡觉是常事。令我特别兴奋的是，根据这些样本和采集记录我发现了多个盲蝽新种，报道了多项盲蝽类和缘蝽类的生物学特征，这也为我的分类学研究添了几分成就感。

1991 年博士毕业后，经导师推荐，我来到中国科学院海洋研究所分类研究室工作，幸运地跟从我国海洋底栖生物生态学的开拓者之一刘瑞玉院士工作。青岛市南海路 7 号，面朝大海，花落花开，至今我在这里已工作 30 年，大海也早已成为我的第二故乡，我始终坚信 21 世纪是海洋的世纪。

打破思维，重识菲律宾蛤仔的作用

20 世纪 90 年代，胶州湾大型底栖生物的数量波动剧烈，究竟哪些类群变化大？哪些类群主导了胶州湾生态系统的稳定和变化发展呢？我们研究组通过对胶州湾主要的四个大型底栖生物类群——软体动物、多毛类环节动物、甲壳动物和棘皮动物 30 多年的持续研究，对调查获得的栖息密度和生物量数据进行详细剖析，竟然得出了一个意想不到的结论：如果胶州湾里没有菲律宾蛤仔的大规模养殖，那么生机勃勃的胶州湾可能就会成为“一潭死水”。

菲律宾蛤仔

菲律宾蛤仔俗称花蛤，20 世纪 90 年代，渔民开始大规模养殖。之前人们一直认为导致胶州湾生态环境恶化的重要因素之一是养殖业。从一组组数据比对与分析来看，菲律宾蛤仔是胶州湾大型底栖生物群落的绝对优势种，对于湾内大型底栖生物次级生产力和大型底栖生物群落稳定性的贡献巨大。菲律宾蛤仔属于滤食性双壳类动物，能够净化海水，固定海水中的碳，而以菲律宾蛤仔为代表的滤食性双壳类动物是影响胶州湾大型底栖生物群落稳定性和变化的关键类群。

自 1994 年我们研究组参与胶州湾生态调查开始，我们已发现、记录的胶州湾大型底栖生物种类，包括动物界和植物界的，共有 16 门、234 科、527 种。这些生物种类均收录在我主编的《胶州湾大型底栖生物鉴定手册》一书中。

跳出常规，发现青岛橡头虫

在对胶州湾大型底栖生物的分类学研究中，我们团队发现了世界范围内只在我国青岛的胶州湾才有的、对于动物系统发育研究十分重要的新物种——青岛橡头虫(*Glandiceps qingdaoensis*)。

五亿年前，头索动物文昌鱼在海洋里首次出现，而作为半索动物的青岛橡头虫在理论上出现的时间比文昌鱼更加久远。按照动物的系统演化路径，动物的演化是按照单细胞动物到多细胞动物，两胚层动物到三胚层动物，无体腔动物到真体腔动物，原口动物到后口动物，无脊椎动物到半索动物、头索动物、尾索动物直到脊椎动物逐级“升级”的，而青岛橡头虫正处在无脊椎动物向脊椎动物演变的半索动物阶段，在系统演化上具有很高的科研价值。

为了保护这种极具科研价值的物种，我向国家野生动物保护协会水生野生动物保护分会申报将青岛橡头虫列为国家保护动物，国家农业农村部现拟将青岛橡头虫列为国家二级保护动物。这样，胶州湾里就有五种国家级保护动物，它们是国家一级保护动物黄岛长吻虫、多鳃孔舌形虫，国家二级保护动物三崎柱头虫、青岛文昌鱼、青岛橡头虫。

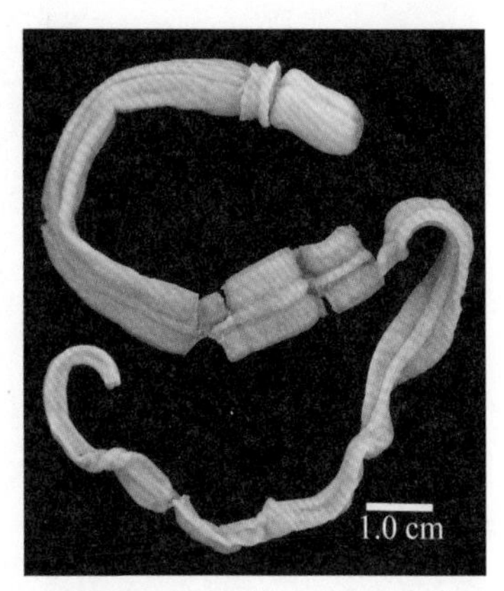

青岛橡头虫

其实早在 20 世纪 80 年代的胶州湾底栖生态学调查中就已经发现了青岛橡头虫，但直到 2005 年被确认为新种之前，橡头虫一直被当作其他的柱头虫。这是因为半索动物内部结构十分复杂，必须做解剖观察才能准确鉴定，仅凭外部形态难以确定种类。所以从事科学研究，每当你尝试着跳出常规思维来看问题时，常常会有更大的发现。

在潮间带采样的李新正

系统性编纂，给中国真虾“上户口”

2008 年，代表不同类群、不同大区的 20 位世界十足目甲壳动物分类学者齐聚中国台湾，共同研讨世界十足目分类学研究工作的发展方向。我有幸被邀请作为代表之一，与世界十足目分类学研究的顶尖科学家共聚一堂，讨论发展大计。

十足目是甲壳动物亚门中最大的一目，已知 10 000 多种，其中常见的主要是虾和蟹。从 1991 年开始，我就开展虾类的研究，尤其是对真虾类分类研究非常感兴趣。美味十足的长臂虾、与海葵共生的晶莹剔透的海葵虾…… 大自然是最好的造物者，每一种生物都有自己的生存秘诀，钻研于其中让我感受到无穷的乐趣。

当然，科研也是一件要耐得住寂寞的事。从事虾类分类学研究还要过语言关，不仅要了解国内、国际发表的论文，还要关注国外科学家用母语发表的论文。因此除英语之外，我还初步学习了俄语、法语、德语、日语、拉丁语等小语种，从而能够对照词典看懂同行的学术论文，这样才能科学严谨地发表新物种论文。另一个考验人的功力，就是“看镜子”，即在显微镜下观察、对比不同物种在外形、结构等方面的不同，“失之毫厘，谬之千里”，要练就一双“火眼金睛”才能发觉微小的种间差异。尤其是很多真虾类，体形非常小，形态很相似，需要在显微镜下放大数倍，特别费劲地对比其间的差异，一天十几个小时在实验室里“练功”，有时候也会看得内心崩溃，但是科研就是要坐得住“冷板凳”才行。多年的科研生涯让我对“执着”这个词有了深刻的认识，我认为这是科学研究的法宝，是科技工作者的必备素质。

2003 年李新正访问澳大利亚期间在实验室工作

2004 年李新正（右）访问巴黎自然历史博物馆，从著名甲壳动物分类学家 Alain Crosnier 博士手中接过珍贵的深海长臂虾样品

结缘“蛟龙”号与“深海勇士”号，从浅海走向深蓝“探宝”

2012 年，中国大洋协会面向全国高校、科研院所海选“蛟龙”号载人深潜器首航科学家的消息，振奋了无数海洋科研工作者的心。广阔深邃的海洋不但地形极其复杂，多变的海流也增加了勘探难度与风险，而神秘的深海世界一直是科学探索的盲区，尤其是对深海生物。直到 1977 年，通过深潜器“阿尔文”号潜入大洋中脊的新生熔岩流，科学家才有了颠覆性的发现——被认为是生命沙漠的深海竟然有很多生命的绿洲！

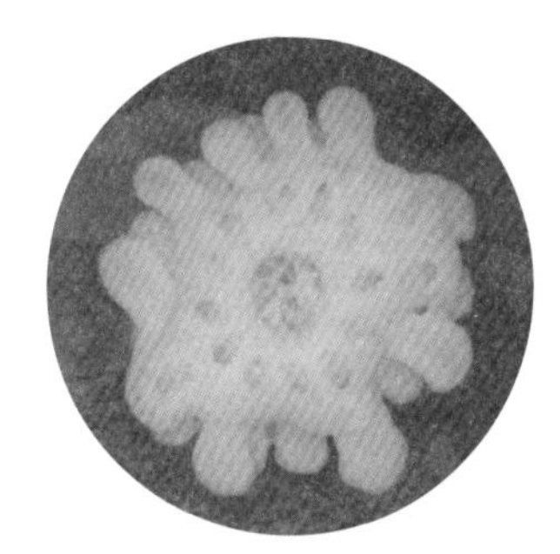

南海深海海山水深 3500 多米处发现的海绵动物新种——小六轴囊萼海绵

经过严苛的层层选拔，非常有幸，我成为“蛟龙”号首航的六名科学家之一，作为海洋生物学者负责南海航段的生物科考。2013 年 7 月 3 日，“蛟龙”号执行首个试验性应用航次的第六次下潜，我随深潜器潜入南海海底水深 3700 米处的海山环境，而这也是“蛟龙”号试验性应用航次首次 3500 米级下潜。这次下潜在海山区发现了六七个大类的十几种深海生物，很多深海生物我在文献上都没有见过。雪莲一样美的海绵、海怪似的大型软体生物、盲鳗、软珊瑚、棘虾、铠甲虾、海百合、海星等，居然还有会游泳的海参，非常震撼。

南海深海冷泉群落中的顶级捕食者、南海新记录种——长刺石蟹

通过“深海勇士”号诱捕获得的南海深海水虱新种——詹姆斯深水虱

2018 年，汪品先院士带领项目组搭乘中国科学院的“探索一号”综合考察船出海考察西沙群岛海域的深海环境，我又有幸被汪院士“点将”参与这个航次任务并乘坐“深海勇士”号深潜器下潜冷泉环境。能和 82 岁高龄的汪院士一同工作，我感到三生有幸。这个航次中，汪院士先后三次下潜，是迄今为止世界上年龄最大的深潜科学家。汪院士对深海科研的好奇心、探索欲已融入他的生命，这让我非常敬佩。乘坐参与“南海深部计划”深潜航次海马冷泉科考任务的“深海勇士”号载人深潜器，在水深 1386 米的海马冷泉附近深海海域，我们成功采集到大量的冷泉生物样品，并诱捕到深海水虱、钩虾等珍贵样品。

先后跟随“蛟龙”号、“深海勇士”号载人深潜器下潜科考，我有幸成为目前第一位乘坐过我国已服役的两艘载人深潜器的科技工作者。这两次深海之行，激发了我对深海化能环境生物群落形成和发展机制的兴趣。例如，柯氏潜铠虾在南海东北部的冷泉区和东海东部冲绳海域的热液区都被发现，但是在南海西北部同样是

2013 年李新正准备进入“蛟龙”号载人舱，开始下潜深海

李新正（右）与汪品先院士赴西沙海域下潜深海时在“深海勇士”号旁合影

冷泉环境的海马冷泉却没有其踪迹，而海马冷泉群落的物种很多与日本东部相模湾的化能生物群落相同。那么，深海化能环境生物群落的种类组成、营养级结构的不同究竟受什么因素制约呢？是热液与冷泉的不同吗？根据南海东北部的冷泉区和东海东部冲绳海域的热液区生物群落相似这一点，显然不是热液和冷泉的环境温度不同造成的。那么，不同的冷泉、热液生物群落是否与底栖环境的氧化还原水平有关呢？根据不同的冷泉、热液环境，其氧含量、甲烷、硫化氢溢出量相差很大这一点，可以推断，深海化能环境生物群落的结构与环境的氧化还原水平之间的确有着密切的关系，而非简单的热液、冷泉之间的差别。其实，这里还有很多微妙的科学问题等待着我们去进一步研究揭示。

2018 年李新正乘“深海勇士”号下潜归来的洗礼

探索新发现，气候变暖下的黄东海

全球气候变暖是地球生命面临的重大考验。气候变暖给我国海域带来哪些影响？我们能够根据科研预测提前做哪些方面的灾害预警？2013年，中国科学院海洋研究所启动中国科学院战略性科技先导专项“热带西太平洋海洋系统物质能量交换及其影响”，我负责“黄东海生物区系对黑潮变异的响应”子课题的工作。

依据这个项目，我们团队在2015年开展了黄东海重要断面一年连续12个航次的调查。团队成员每月一次定期跟随考察船对东海两个断面做调查，首次发现并提出了东海近海大型底栖生物群落结构存在“三明治”现象，并认为该现象的形成与黑潮变异直接相关，其形成时间虽然不长但将长期存在下去。这一发现受到业界同行的高度认可。

我们在黄东海对大型底栖生物进行采样时，总能采集到“外来户”，也就是以前通常在中国台湾以东的外海分布的物种。2015年的连续调查采样发现，只有在黑潮通道才有这些“外来户”，在黑潮的路径两旁还是原来东海调查时发现的基本的大型底栖生物群落，这就形成了类似三明治的结构。

那时，我和团队成员大胆假设：莫非是黑潮水在近年加强后入侵东海近海，并在底层将原来按水深梯度均匀变化的底栖生物群落生生“犁”开了一条通道，让“外来户”物种在这里落户，挤走了本地种？为了验证这个假设，我们赶紧与同船考察的物理海洋科学家沟通，并对大量的历史数据做分析，小心求证。

数据显示这个大型底栖生物的“三明治”构造大约在2000年开始形成，而且这个现象开始时只在夏季出现，至2013年前后便形成了全年存在的稳定的结构。这个“三明治”的“夹心”与物理海洋调查发现的黑潮加强后入侵东海的底层分支经过路径完全吻合。

黑潮是北太平洋西部流势最强的暖流，水色因为高温高盐而呈黑色，故被称

2019年李新正在西沙群岛轻潜考察珊瑚礁生物群落

为“黑潮”。由于气候变暖，黑潮加强，从而入侵东海近岸，其携带而来的外海大型底栖生物也在东海流经海域扎下了根。这是全球气候变暖对我国近海造成影响的明显证据。

在对黄海进行人类活动和气候变化对大型底栖生物影响的研究时，通过现状调查和历史数据分析，我们发现南黄海的群落结构发生了很大改变，棘皮动物、多毛类环节动物在近海和远海出现了此消彼长的变化格局；同时，整个黄海的物种分布区较为普遍地出现了北移、萎缩、斑块化趋势，而海盆的冷水团成了大型底栖生物的“避难所”。我们在黄东海海区大型底栖生物群落调查分析中还发现，虽然某些海域大型底栖生物的生物量、栖息密度、生物多样性指数等数量变化不明显，但这并不意味着生态状况没有变化，可能群落结构已经发生非常明显的变化。因此，要将分析研究大型底栖生物的种类组成、营养级等群落结构指标作为生态学研究的重要参考指标，才能更好地分析人类活动和气候变化对大型底栖生物的影响。

气候变暖对于我国近海乃至整个地球的影响实际上是非常显著的。海洋是资源的宝库，也是国家的未来。在各国竞相走向深蓝、向海洋资源进发的同时，保护海洋，维护海洋生态平衡，也是我们每一位公民的责任与义务。

科普进校园，最爱听“长臂虾叔叔”讲海洋

在紧张的科研工作之余，我很有兴趣走进大、中、小学校做海洋科普讲座。从“神奇的海洋生物”，到“乘蛟龙探险深海”“走进神秘的海洋生物世界”“海洋那些事儿”……作为中国科学技术协会全国海洋生物学首席科学传播专家，我很愿意承担海洋生物学的科学普及和传播工作。30 年来，我走过全国 20 多个省份，进行了数百场讲座，被“海洋小粉丝”亲切地称为“长臂虾叔叔”。

在每次科普讲座中，我会将海洋科学知识结合自己的科研经历分享给同学们，让他们在了解海洋科学知识的同时，也能对海洋科研有初步的认识。我常和同学们讲，祖国强大才能让科研做得更好。

世界各国都在走向深蓝，勘探深海锰结核等丰富的海洋矿产资源、进行海洋油气开发等，是“强国更强”必须做的事情。同时，在海洋生物方面，深海热液环境下的生物非常神奇，这对地球生命的起源和演化研究、生物活性物质和生物制药研究有着重要意义。

走出实验室和研究所，在更加广阔的科普世界里，我收获了超强的能量。这份收获来自学生们对我的信任和广大市民朋友的认可。而听众对海洋科学知识的热爱，也让我对自己所挚爱的海洋科研事业有了更深刻的理解。

我们的征途是星辰大海！大海是我们的故乡，但现在我们对故乡还知之甚少。海洋占地球面积的三分之二以上，但是海洋科学仍是科研的小众。特别希望我的科普讲座能够在孩子心里埋下一颗热爱海洋科学的种子，让更多孩子知道海洋是个极其广阔的天地，从而让更多青少年将来能够投身到祖国海洋科研的人才队伍中来。

2017 年李新正在中国科技馆做科普讲座

让港口母亲不再等待

海洋环境与能源专家 史宏达

科学家简介

史宏达教授

史宏达，中国海洋大学教授，博士生导师，泰山学者特聘教授，青岛海洋科学与技术试点国家实验室海洋能研发测试平台主任，中国可再生能源学会常务理事，海洋能专业委员会秘书长，东亚海洋环境与能源组织（EAMEN2）、亚洲潮汐波动能联盟（AWTEC）等国际海洋能组织召集人，*International Marine Energy Journal* 期刊编委，享受国务院政府特殊津贴。研究方向主要有海洋可再生能源利用及实用化技术开发，港口、海岸工程及其与海洋环境的相互作用研究，海洋环境水动力学。

史宏达教授在海洋可再生能源领域，编制了我国海洋能战略发展规划，带领团队研发了组合型振荡浮子波能发电装置、越浪式波能发电装置、海洋能多能互补智能供电系统等。与国际领先的欧洲海洋能源中心建立长期合作关系，致力于建设国家实验室海洋能测试场及中国海洋能源中心。此外，在港口水工建筑物、港口规划等领域拥有多项研究成果。

结缘海洋科学研究

我大学入学的时候学的是港口航道工程，后来研究生读了物理海洋学。在读书期间，我深深地体会到水的重要性，它是生命的摇篮，是能源的宝藏。

人类过去数千年的文明史，主要是在仅占 29.2% 的陆地面积上成就的。我们的祖先没有世界地图。当他们第一次站起身来极目远眺的时候，仅仅因为首先映入眼帘的是一片肥沃富饶的土地，于是便把自己所有的智慧和勤劳都献给了拥有青山绿水的大地母亲，耕耘稼穑，放牧围畜，丰厚的回报更坚定了他们固守土地的信念。他们在劳作之余发明了文字，还用石块和泥土建立了家园，以供休养生息，世代繁衍。或许他们也曾偶尔走到海边，或许飞溅的浪花也曾让他们怦然心动，但那毕竟太神秘、太陌生，以致他们根本找不到描述这一汪蓝水的词汇，更无法想象如何从中得到收获。

与祖先相比，今天的我们是非常幸运的，因为我们发射了卫星，绘制了地图，逐渐看清了世界。我们中的绝大多数已经意识到自己生存的行星是蓝色的，更有一部分智者说，我们的未来必定是蓝色的。

在中国最早的文字——甲古文中，至今还没有发现“海”字，虽已有“水”“渔”“涛”“晦”等字，但这些字大多是因人类在江河湖泊中的活动而产生的概念，其中只有“涛”与“晦”字可能与海有关。汉代著名学者刘熙在《释名》中解释：“海，晦也。”古人可能认为昏暗深邃的大海如同郁郁苍苍的上天一样不可把握，故以“海”“晦”通假。中国最早的字典——汉代许慎的《说文解字》对海下过这样的定义：“海，天池也。”不难看出古人对海的敬畏与无知。

人类在地球上已生存了数百万年，但当我们翻阅人类的历史时，却会吃惊地发现，在这数百万年的绝大部分时间内，海洋对我们的进步并没有起到直接的推动作用，只是在最近的几千年，人类才与海洋发生了直接联系。而海洋对人类社会真正起到促进作用的历史却只有三四百年的时间。

尽管人类通向大海的道路是曲折和艰难的，但我们终于还是慢慢地揭开了她朦胧神秘的面纱，小心地捕捉到了她涌动的脉搏，蓝色文明的曙光终于浮现在无垠的海平面上。

海洋工程和所有陆上工程一样，凝结了多个学科的智慧成果。如果总结其特点，那就是更复杂、更未知、更有发展前途。早在欧洲的航海家扬起他们的风帆之前，人们就已掌握了筑堤防浪、围海造田的技术，而船舶制造业的发展，更给人类的海上活动注入了新的活力。随后，港口发展也与船舶制造结伴而行。地中海古海港——阿波罗尼亚，被称为“古代港口的

史宏达在海上开展科研工作

教科书”。它于公元前7世纪初便已建成，现今虽因海岸下沉而被淹没，但经由它的遗迹，人们不难想象几千年前地中海沿岸众多繁盛港口的雄姿。如果说古代堤坝和港口不能算作海洋工程的话，它们至少也是海洋工程的雏形。

随着日趋繁盛的航海活动，人类对海洋的认识也逐渐加深，而早期最富成果的研究，不论中外，都主要集中在潮汐现象上。公元前4世纪，古希腊的亚里士多德就在《气象学》中记载了潮汐；我国汉代的王充也在《论衡》一书中写有“涛之起也，随月盛衰”。当然，潮汐问题的解决，是由17世纪的牛顿和18世纪的拉普拉斯完成的，但人类早期对海洋的认识却对日后海洋技术的发展起到了不可磨灭的作用。

到中世纪，人类在海陆分布、海洋潮汐、海洋气象等方面已经积累了相当多的知识，而这些知识又反过来大大增强了人类开发和驾驭海洋的能力。这种能力主要体现在航海上，当时的航海技术，如天文导航、地文导航、指针导航、季风的利用以及造船技术和海洋地理知识等，都已达到了相当高的水平。

讲了这么多关于海洋的历史，是想告诉亲爱的读者朋友们，我的学习、科研始终离不开历史的贯穿，始终汲取着先哲的营养。

今天的人类又面临着环境、资源、人口等问题的挑战，而谁能想到，这些问题的最终答案可能都要到海洋中去寻求呢？

正如我们的祖先制作工具垦荒狩猎一样，发展海洋是现今的人类摆脱困境、建造蓝色文明的必由之路。

现代海洋工程包括船舶工程、港口工程、近海工程、采矿工程、能源工程等多种门类，是一个综合性很强的概念。而且，随着科学技术的不断进步，人类至今仍在不断地为它注入新的内涵。

服务现代港口

如果船舶是浪迹天涯的游子，那么，港口则是等待归航的母亲，因为她具有善良慈爱和无微不至的天性，是船舶的必然归宿。我本科学的是港口航道工程专业，因而对港口有着无法割舍的感情。

古时人类在出海前要祈盼诸神保佑，归来后则感谢上苍的恩赐，这一切都是在一个叫作港口的地方进行的。从公元前约 2700 年，腓尼基人首先在地中海东岸兴建西顿港和提尔港（均位于今黎巴嫩），到古希腊时代建造的比雷埃夫斯港，从 16 世纪中期的欧洲门户阿姆斯特丹，到当今的“东方之珠”中国香港，港口给人类社会带来了巨大利益，促进了社会文明的发展进步。

中国的港口同中国古老的文化一样，曾有过名扬四海的辉煌篇章。早在春秋战国时期，渤海沿岸即出现碣石港，以后发

中国香港维多利亚港夜景

今天的广州港新沙港区

展成为今天的秦皇岛港；汉代的广州、徐闻、合浦港已与国外有频繁的海上通商活动；唐代的登州港、明州港（今宁波港）和扬州港也成为对外贸易的窗口；宋元时代建立了福州港、厦门港和上海港，而广州、泉州、杭州和明州又被称为宋代四大对外通商口岸，元代曾来中国的摩洛哥旅行家伊本·巴图塔在游记中盛赞泉州港为世界最大港口之一，“实则可云唯一之最大港”。

但是，古代的辉煌难掩近代的耻辱。鸦片战争后，帝国主义列强先后逼迫当时的清政府开放广州、福州、厦门、宁波、上海、天津、青岛和汉口等港，夺取了在中国的筑港权乃至港口的管理权。中国的主权被践踏、国土被蹂躏、资源被掠夺、人民被奴役，美丽的港口却成为列强打开中国大门的经由之路。直到中华人民共和国成立之后，中国的港口建设事业才进入了一个新的发展阶段。

20 世纪 50 年代初，我国建成了具备万吨级泊位的湛江港和拥有煤炭装卸设备的裕溪口港。20 世纪 70 年代后的港口建设则更为迅速，大连建成了 10 万吨级石油码头，宁波北仑港建成了 10 万吨级矿石码头，日照港建成了 10 万吨级煤炭码头，等等。改革开放以来，我国的港口建设更出现了前所未有的繁荣景象，先后开放了上海、天津、大连、青岛、广州、北海、南京、武汉等 30 多个外贸港口。

成功的经验告诉我们，国家经济的发展与港口的作用密不可分，而港口发展又以科学技术为基础。提高港口发展中的科技含量，必然引发港口建设新的革命，从而促进港口所在城市、地区乃至整个国家的经济飞跃；而经济的发展，又将成为港口进一步发展的起点与动力——这就是港口发展的良性循环模式。

将现代科学的尖端技术成果尤其是高科技成果应用于港口建设并不是一件轻而易举的事。目前，我所从事的研究工作包含海洋水文气象、布置规划、安全泊稳等内容。港口的良好营运过程是航运系统、装卸系统、存储系统、集疏运系统和信息系统之间的工作协调过程，任何一个环节不畅通，便会降低生产效率，影响港口效益，因此，我称自己的工作是“让母亲不再等待”。

今天的上海港洋山深水港区

致力于海洋能研究

我开始海洋能研究是在 2008 年。当时我第一次申请到国家“863”计划的探索导向课题，出于课题研究的需要，我开始关注海洋能这一研究领域。当然，这与我研究生阶段物理海洋学的积累也是分不开的。而我最终确定在海洋可再生能源方向建立科研团队，则是因为我坚信绿色能源战略将成为国家乃至全球未来的研究趋势。海洋不负众望地给了我们丰厚的回报，它是一个巨大的储能器，可以吸收太阳能、风能、天体引力能等，这些能量又通过海面波浪的起伏以及水体的流动表现出来。经过十几年的攻关，我们的团队在波浪能、潮流能基础研究和装置研发方面均取得了较好的成果。

人类对海浪的认识是从岸边开始的。我们采用能量法和波谱法对波浪进行分析，测算其携带的能量，再寻找资源分布丰富的区域进行开发。在多种形式的海洋能中，波浪能由于开发过程对环境影响小，变化复杂，是最受欢迎也最具挑战的一种。全世界波浪能的理论估算值为30亿千瓦，其中技术可开发功率约为 10 亿千瓦，是目前全球发电量总和的数百倍。波浪能有着广阔的前景，因而也是各国海洋能研究开发的重点。

鉴于我国的海况，我带领海洋能团队研发了如下波浪能发电装置。该装置通过波浪的起伏带动黄色浮子上下运动，将波浪能转换为机械能，并配合液压系统和发电机，进而又将机械能转换为电能，实现波浪能的捕获和转换。

该波浪能发电装置于 2014 年 1 月在

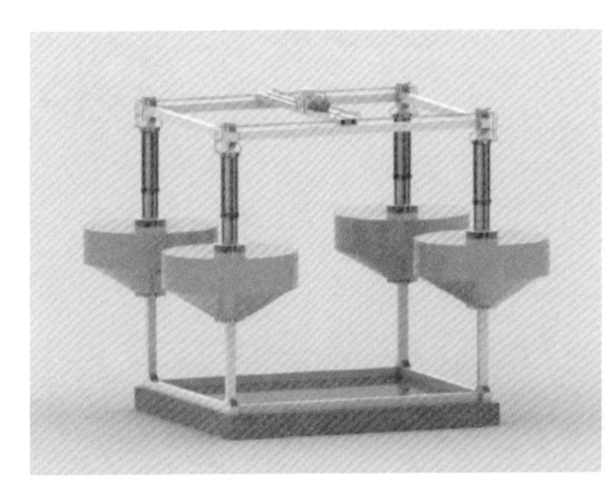

组合型振荡浮子波浪能发电装置设计概念图

组合型振荡浮子波浪能发电装置海试样机

山东省青岛市斋堂岛东南方向海域进行海试投放，最先投放了 10 千瓦级组合型振荡浮子波浪能发电装置的海试样机，成功海试后，又投放了两台 100 千瓦波浪能发电样机。

我们的团队在 10 多年的海洋能利用技术探索中发现，完全引进欧美理念并不适合我国的资源特性，工程应用价值不高。因此我们决定从零开始，结合理论计算、仿真模拟、海区测试，一步步摸索出了适合我国海洋资源特性的海洋能利用方式。

然而，我国的低能流密度仍然是制约波浪能发电装置商业化的瓶颈，希望新一代青少年朋友今后能够在掌握扎实的科学知识的基础之上，培养创造精神，建立创新理念，在未来的研究中突破现有的瓶颈，谋划深蓝，铸就辉煌。

投身大海，力促中国珊瑚礁修复

珊瑚生物学与珊瑚礁生态学专家 黄晖

科学家简介

黄晖研究员

黄晖，中国科学院南海海洋研究所特聘研究员、博士研究生导师、珊瑚生物学与珊瑚礁生态学学科组组长，中国科学院海南热带海洋生物实验站站长，海南省热带海洋生物技术重点实验室主任，中国太平洋学会珊瑚礁分会会长，兼任全球珊瑚礁监测网（GCRMN）东亚国家协调会协调员、亚洲珊瑚礁学会（Asia Coral Reef Society）委员。主要研究领域为珊瑚生物学与珊瑚礁生态学，在珊瑚分类、鉴定与保护，造礁石珊瑚繁殖生物学、生理学，珊瑚礁生态系统退化机制与修复等前沿学科积累了丰富经验。

黄晖研究员长期坚持开展野外珊瑚礁生态科考，足迹遍布福建、广东、广西、海南岛沿海，西沙群岛、南沙群岛、东沙环礁等有珊瑚礁分布的我国海域。根据野外调查及室内实验数据提出“我国珊瑚礁退化的原因主要是人为破坏而非气候变化”的结论，并引领珊瑚礁修复技术研发。研究成果获得海洋科学技术二等奖、广东省科技进步一等奖、中国科学院杰出科技成就奖等奖项，荣获中国科学院“2018感动人物”和自然资源部“海洋人物”称号以及中国科学院大学“朱李月华优秀教师奖”等。

结缘海洋科学研究

大家可能会有疑问：一个女孩子怎么会选择多是男生学习的海洋相关专业并有所建树呢？原因有两个。

第一个原因是恩师的引导。时间要倒拨至 1996 年，那一年我从中国科学院南海海洋研究所海洋生物专业硕士毕业并留在所里工作。起初，面对包罗万象的海洋生物领域，我并没有明确的研究方向。后来，一次工会组织的羽毛球比赛中，工会主席关心地问我："我们所里有位邹老教授一辈子研究珊瑚分类学，他那里正缺人手。不过，一般人都认为研究珊瑚分类比较枯燥，不太容易出成果，你想去尝试一下吗？"这位邹老教授就是邹仁林，我国著名的珊瑚分类与珊瑚礁生态学家。

那时邹老教授年事已高，一直想寻找一位年轻弟子来传承衣钵。无奈，当年的珊瑚学相关研究还属于冷门、偏门，许多年轻人都"坐不住冷板凳"。而且这门学科也比较枯燥，不太容易出成果。邹老教授个性耿直，我也是个爽快之人，不喜欢一板一眼的工作，经过深入交谈，我们一老一少十分投缘，加之珊瑚的研究总会有新的发现，能够不断实现进步和突破，于是我很快成为老先生的关门弟子，他也将自己的毕生所学对我倾囊相授。

第二个原因则是顺应时代发展的潮流。工作后，我借调至国家自然科学基金委员会工作了半年。当时正赶上大规模的厄尔尼诺现象席卷全球，气候变化对珊瑚礁产生了巨大影响，可以说珊瑚礁生态系统遇到了一次空前的灾难，珊瑚礁出现大规模白化现象，珊瑚成片死亡。世界范围内出现了珊瑚覆盖率下降的境况，引起了科学家的广泛关注，相关的研究也一跃成为全球海洋科学界的热点。

这半年时间的学习和工作让我眼界大开。当时我们国家也开始投入资金来支持珊瑚研究的相关工作，工作过程中，我更加深刻地了解到珊瑚和珊瑚礁研究对于国家和全世界的重要意义。自此，我下定决心深入研究我国珊瑚与珊瑚礁。

具体要怎么做呢？首先要把自己国家珊瑚礁的“家底”给摸清楚。我们国家从福建、广东到广西，从海南岛到西沙、东沙和南沙群岛，有珊瑚礁分布的海域非常多，我们就一步一个脚印地做野外调查。这一项摸底工作总共持续了十多年。到现在为止，只要是我国有珊瑚礁分布的海域，我们的团队都去调查过。

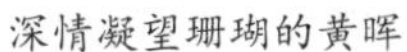
深情凝望珊瑚的黄晖

克服重重困难，力促珊瑚礁修复

珊瑚礁这么色彩缤纷的生态系统，我亲眼见到以后是非常震撼的。2002 年，我第一次在西沙群岛下潜观察珊瑚礁。我站在陆地上看，海就是一个由水组成的平面，可能时不时有一点浪花。但我到了海上，站在船上低头往下看，10 多米甚至 20 米的海水可以看得一清二楚。等到真下到水里，海洋世界更是五彩缤纷，玫瑰色的红海柳、鹿茸般的鹿角珊瑚、白玉般的石芝珊瑚、大块头的脑珊瑚和滨珊瑚等，它们的美丽壮观，令我无法忘怀。

然而，2009 年我们摸底调查西沙群岛时，那个给我带来巨大震撼的地方已经大不如从前。人类大量捕捞珊瑚礁中的大

缤纷多彩的珊瑚礁

法螺及经济鱼类，造成珊瑚的天敌——长棘海星在 2007 ～ 2008 年出现大量暴发，西沙群岛的珊瑚覆盖率下降到百分之零点几。我们在 2009 年下潜后发现海底是白茫茫的一片，珊瑚的尸体堆在一起，看上去就像累累的白骨。自那以后，我们就做了一个决定：珊瑚的保护不能只是被动地去摸底调查，而应该人为主动去做一些事情。这就是我们团队接下来的工作重点：封海育珊瑚、植珊瑚造礁。2009 年，我带领团队开始探索珊瑚的繁殖生物学和珊瑚礁修复技术，进行珊瑚礁恢复机制与修复技术研究。在海底种珊瑚，好比在陆地上植树造林，但要与天斗、与海斗，面临的挑战非常多。

针对国内现状，我们团队进行了退化珊瑚礁的修复工作。珊瑚修复的方法包括两种：一种是“播种”，即在珊瑚大片死亡、适宜珊瑚生长的海域，投放珊瑚浮浪幼虫，使其繁衍生长；另一种是“移栽”，

在海里下潜的黄晖

黄晖（左）在水下开展珊瑚修复工作

即将活的珊瑚移栽到已经遭到破坏的珊瑚礁海域，使其恢复壮大。无论哪种方式，都需要珊瑚虫的繁殖，这如同植树造林需要种子和幼苗。珊瑚虫的繁殖有雌雄配子结合的有性繁殖，也有自我克隆的无性繁殖。对这两种繁殖方式，我们科研团队都进行了大量研究，也取得了显著成果。

珊瑚移植无论用哪种珊瑚培育方式，都需要下潜到海里。对女性来说，这不仅是身体上的考验，而且还会受到一些封建观念的阻挠。早期租用渔船时，渔民因为封建思想，排斥女性上船，甚至不理睬我，宁愿和我的同事或学生交流。时间久了，渔民看到我屡次克服不便，坚持出海、下潜，对我的态度大为改观，最后还会跟我说：“你和我们一起出海，很厉害哦！”

从事海洋研究的人都知道，进行野外考察研究，晕船是其中的一大难关。晕船的感觉，用“生不如死”来形容也不为过。而珊瑚修复工作是必须下海的，我们不仅要克服晕船带来的挑战，还要背着一套 30 斤重的潜水装备在水下进行作业。一开始，我连背着站起来都十分吃力，是做不了跨步式入水的，所以我就用背滚式入水。我索性背对海面坐在小艇上，直接仰面翻入海中。下潜过程中，海水依旧涌动不止，人即使在水里也会吐，每次我都是吐一下，再咬住呼吸嘴。我常对学生说，如果你真热爱这一行，下潜就是一种乐趣，否则就会很辛苦。所以，还是选择热爱吧。

日复一日，10 多年来，我们提出人工修复受损珊瑚礁的宏大构想并摸索出适合不同类型珊瑚礁恢复的技术方法，申请了 30 多项发明专利，掌握了我国海域 20 多种常见造礁石珊瑚有性繁殖过程，并在国内首次实现了人工幼体培育，为珊瑚礁人工修复打下了坚实基础。在西沙群岛和南海南部也建立了修复示范区和苗圃，目前已初具规模和成效。即便到现在，我每次看到修复的珊瑚健康成长，内心还是会忍不住产生喜悦之情，也由衷地希望我国的珊瑚礁境况能越来越好！

黄晖（右二）和学生

积极参与国际学术交流，提升中国珊瑚礁研究的世界影响力

在科学研究过程中，学术交流是重要的一环，可以让全世界同行认识我国在相关领域内所做的贡献，提高我国科研的世界影响力。四年一次的世界珊瑚礁大会是珊瑚礁研究领域内同行的盛会。我现在还记得第一次去参加世界珊瑚礁大会的情景。2004 年第十届世界珊瑚礁大会在美丽的日本冲绳召开，那也是我第一次去日本，当时自己是非常激动的。但当我发现自己竟然是中国大陆唯一的参会代表，其余东方面孔均是来自其他国家和地区时，内心感到无比失落，也因此暗下决心要拓展国际学术交流，提高我国珊瑚礁研究的水平和地位。

我非常幸运地在这次大会上认识了后来对我帮助非常大的台湾“中央研究院”生物多样性研究中心的陈昭伦老师、台湾大学的戴昌凤教授和澳大利亚昆士兰热带博物馆的 Carden Wallace 研究员，并在这次大会上与陈昭伦老师和戴昌凤教授确定了两岸紧密合作交流珊瑚礁保护和研究的意向。

黄晖参加第十一届世界珊瑚礁大会

随后，我在 2005 年迈出了合作交流的第一步，派出我的硕士研究生董志军前往陈昭伦老师实验室进行短期学习，并依托台湾珊瑚礁协会召开了第一届海峡两岸珊瑚礁研讨会。我先后多次前往澳大利亚昆士兰热带博物馆、詹姆斯库克大学（James Cook University）和美国史密斯森博物馆（Smithsonian Museums）等顶尖珊瑚礁科研机构学习交流，其中有两次前往澳大利亚昆士兰热带博物馆师向珊瑚分类学家 Carden Wallace 研究员学习造

礁石珊瑚分类，通过学习和交流厘清了我国造礁石珊瑚的分类基础和体系。

经过不懈努力，我们团队与澳大利亚、美国、中国台湾、中国香港等多地珊瑚礁科研界的科学家建立了深入和长期的合作交流，并在国务院台湾事务办公室、国家自然科学基金委和中国科学院港澳台事务办公室等部门的支持下，在大陆成功举办了四届海峡两岸珊瑚礁研讨会，承办了联合国教科文组织政府间海洋学委员会（IOC）珊瑚礁生态调查培训等活动，多次带领团队参加国际会议，选派学生出境学习，邀请国外学者或团队来华访问交流。这些交流活动很大程度上提升了我国珊瑚礁生态科研的整体水平，也推动了我国的珊瑚礁生态科研成果在国际海洋环境保护决策过程中发挥其应有的作用。

黄晖（右二）访问台湾大学海洋研究所期间的合影

例如，访学过程中，我与澳大利亚詹姆斯库克大学的 Terry Hughes 教授联合发表了一项重要研究成果。研究结果表明，我国大陆及海南岛沿岸珊瑚覆盖率在近 30 年里下降 80% 以上，沿海开发、污染、过度捕捞等对珊瑚礁的影响远远大于气候变化。研究指出，面对这些严重的问题，急需通过提高公众保护意识、提供相关培训和研究经费、加强监测，以及加强已有法律法规的执行力和优化管理框架等方式来保护正在退化的珊瑚礁。成果发表在著名国际生态学期刊 *Conservation Biology*。

近年来，民间组织对于珊瑚礁保护的热情也日益高涨。为了让更多的人参与到珊瑚礁保护这件有意义的事情中来，我也参与和举办了一些面向社会的科普宣传教育活动，例如，举办了珊瑚礁生物分类、监测及保护知识公益培训营等。面对着一张张心系珊瑚礁的脸庞，我的内心充满喜悦、欣慰与希望。

图书在版编目（CIP）数据

海洋科学家手记 / 丁剑玲，徐永成主编 . -- 青岛：中国海洋大学出版社，2020.11（2021.1 重印）
ISBN 978-7-5670-2667-4

Ⅰ . ①海… Ⅱ . ①丁… ②徐… Ⅲ . ①海洋学－青少年读物 Ⅳ . ① P7-49

中国版本图书馆 CIP 数据核字 (2020) 第 234282 号

海洋科学家手记 HAIYANG KEXUEJIA SHOUJI

出版发行	中国海洋大学出版社有限公司	网　　址	http://pub.ouc.edu.cn
社　　址	青岛市香港东路23号	订购电话	0532－82032573（传真）
出 版 人	杨立敏	邮政编码	266071
责任编辑	史　凡	电子信箱	1547081919@qq.com
装帧设计	王谦妮	电　　话	0532－85901984
印　　制	青岛海蓝印刷有限责任公司	成品尺寸	185 mm × 225 mm
版　　次	2020年12月第1版	印　　张	11.5
印　　次	2021年1月第2次印刷	印　　数	1001～5000
字　　数	144千	定　　价	49.00元